Artisan Baker

火头工

说面包、做面包、吃面包

吴家麟 ◎ 著

海峡出版发行集团 | 福建科学技术出版社
THE STRAITS PUBLISHING & DISTRIBUTING GROUP | FUJIAN SCIENCE & TECHNOLOGY PUBLISHING HOUSE

推荐序

手作面包的神奇力量

工艺面包师　唐·格拉*

面包制作过程中有种魔力，那股神奇的力量是艺术、科学、热诚及爱的结合所造就出来的。所有的手作面包师都深知这个道理，而且以这种面包的表达为语言紧密地联系与沟通。这份神奇的力量让我和Philip**在2015年“面包无国界”的计划中合作无间。当时我的工作是结合地区的农民、面粉业、食品产业及面包的爱好者，开发一种“社区支援”的面包生产模式。就在那时，Philip注意到我的工作，我们开始分享经验及想法。这奇妙的机缘通过社交媒体、电子邮件及视频聊天室发展，让我们深入分享对手作面包以及“社区支援”的热衷和理念。去年的台湾之行，我发表了我对面包店的营运方法，教导烘焙技术，并访问当地面包师、农民以协助他们了解“社区支援”的运作模式，并巩固“社区支援”在地方食品业的重要性。Philip是一位非常温和善良且有天赋的烘焙师，他的工作也总是出于他想要帮助当地社区成长的热忱。

Philip在他的新书《火头工说面包、做面包、吃面包》中详细阐述了面包烘焙的历史、制作过程，以及恪守与当地社区合作的重要性。他追溯面包的起源到古埃及时代，并提供有关酵母、酶素、麸质、蛋白质、淀粉及烘焙过程的大量信息。他很认真地帮助读者们理解真正的手作面包和一般商业面包的不同在于手作面包的烘焙过程是经过历史的淬炼，而大量生产的商业面包的制程中，则缺乏经过适当发酵的营养成分。他也强调从农作到餐桌的联结的重要性，这是出于对营养的考虑和对社区支援的初衷。Philip又进入手作面包及制

编者注：
* 唐·格拉（Don Guerra）是美国面包师，曾获许多奖项，例如2019年获得有着“美食届奥斯卡”之称的詹姆斯·比尔德基金会（James Beard Foundation）杰出面包师奖。
** 火头工的英文名。

图 / 唐 · 格拉

作过程的科学面。他提供非常多的面包成分及食谱数据给有兴趣尝试新的想法和技术的面包师。他精辟地阐释酵种(levain)、天然酵母(wild yeast starter)和天然酵母酸菌种(sourdough),并详细说明如何培养酵母,用经过长时间发酵和保留较好的营养来做面包。在这章节,Philip强调面包艺术的重要性。每个面包师有其特有的感觉,会做出有他自己特色的面包。这世界有许多的面包师每天在试验和创新令人惊叹的面包,新的技术也让我们互相学习,一起成长。这些面包师有志一同地致力于烘焙出健康、营养并且充分反映出当地特色的面包。

最后,Philip论述面包与文化密切结合的重要性。因为手作面包在亚洲地区尚非主流,所以仍有空间让面包师和烘焙业者利用当地谷物、当地酵母菌株来发展新的产品，并了解这过程如何有助于当地农民与社区。他希望借此来鼓励新一代的烘焙师及面包的爱好者。

我极其享受到台湾拜访Philip及其同事的那段时间，我也非常高兴看到手作面包的成长。面包师傅们不断去探索，并教育其他人有关手作面包和社区联结的益处是非常重要的。近来手作面包风再兴起，如窑烤、传统技术，以及坚持使用当地谷物、食材来增进消费者健康并造福地方产业，这些都得到前所未有的重视。这些都是“面包无国界”的推展工作，并在不断地和世界各地烘焙师合作后产生令人振奋的结果。

我衷心祝福Philip这本无私分享理念及信息的新书成功地发行，也希望所有的读者获得宝贵的知识及感受到手作面包的神奇力量。

推荐序

我认识的火头工：一个不只是做面包的面包职人

饮食作家　杨馥如

火头工很忙，但似乎不全在忙做面包。他自称“吴小工”，我常看他做一堆看似跟面包没啥关联的事：他的朋友中西都有，遍布天下；此人有时看起来很放空，会面着满林子的翠绿吹笛子；而且他还养宠物。

你说他不忙做面包，却又时时刻刻跟面包紧密相连。

“朋友”的拉丁文companion，就藏了“panis”——“面包”在里头。原来朋友是“一起分享面包的人”（com-是“一起”）。火头工的朋友五湖四海，好多是世界各国的面包职人。他们在网络上成立社团，天涯海角热烈交流学习着，对面包无比虔诚，永远兢兢业业。这群职人互相打气，也毫不藏私地公开配方，把烤炉边的珍贵心得与大家共享。像中世纪意大利诗人但丁所说：“应该学着知道别人面包里的盐味、从他人楼梯上下的步履维艰。”几次我在意大利采访面包职人，约定碰面的时间都是半夜两三点：师傅们漏夜工作，为的，是让面包在早晨新鲜出炉。我们香甜睡梦时，职人们在炉火边守候，无日无夜，个中的辛苦和感动，非身在其中者难以知晓。想是把吃他们面包的人当作重要的朋友，只愿拿出最好、最真的分享。

再把面包的拉丁文“panis”拆解，“pan”也有来头，是希腊罗马神话里的牧神“潘”，特别会吹笛子。相传，文明里第一个把谷物女神席瑞斯（Ceres）馈赠给人类的麦子煮熟成面包的，就是牧神潘。读火头工的文章有一段时间了，发现他的文字好大半不讲面包，但往底蕴探去，却又无处不面包：在火头工眼里，面包不只是面包，是音乐、是

图/杨馥如

艺术、是东西文化、是历史长河中喂养人类的基础食粮。面包的存在深深化入人的生命，于是他把对面包通透的了解和生命领悟揉进面团里，烤出充满人情的好滋味。

你知道最早被人类驯养的生物是什么？不是狗牛羊，也不是马猪鸡，是酵母。火头工把酵母当宠物养，以年为单位，养出充满生命力的面种。几年下来，他和他养的酵母当“朋友”，学说它的话，细心观察它的喜怒哀乐、沉静与快活。火头工拿出“理工人”的实事求是，面粉和酵母一沙一世界，自己透彻研究后，在这本书中用简单清明的语言解释其中缘由；就算完全没有物理化学基础、毫无做面包经验的人读来也会发出“啊，原来如此！”的赞叹，理解日常生活中看似平凡的面包，竟然有如此多的学问和趣味。

2006年，火头工在生命的转折点放下一切，人生归零，开始做面包。至今十余年，在炉火边静默专注，几乎忘却岁月，是他说的“梦里浮生”。这场梦里因缘流转，火头工说面包、做面包、吃面包，他的面包是理性，也是感性；他的面包哲学至大无外、至小无内，不过点滴是爱，对生命的爱；简单，却一点也不简单。

推荐序

在街角，遇见面包师

作家　刘克襄

十年前，我站在开元街长老教会门口，忖度着日后如何在此停车，前往木栅市场买菜。然后，走进对面的“阿段烘焙”。

那时心里只单纯地梦想着，每个社区都该有间美好的面包店长期陪伴。而我的住家周遭，方圆数里几无一欧式面包店，如今终于发现了，自是兴奋异常。但这间会是心目中的理想烘焙吗？正要走进去的我，心情有些忐忑不安，毕竟欧式面包才逐渐被认识。但老木栅居民有其固定生活习惯，这间面包店紧邻着百年传统市场，是否合宜且长远，颇让人存疑。

后来，阿段烘焙真的搬离了，但仍离市场不远。那是一街角的显眼位置，店面扩大了，更加明亮而温煦，从外头便看到多样的欧式面包。光是典雅的外观即清楚告知，它把一间社区面包店的位阶，站得更确切而稳健。

十年前，初次进去那天，除了买面包，还跟阿段做了一些小小的探访，想要了解它和市场的关系，同时好奇着欧式面包在台湾的未来发展。我很怯生，问的不多，更何况只是消费者的好奇。但离开后，没说几句话的火头工，在我的部落格留言，不谈面包，却论及音乐和书法。一位面包师傅竟跟我切磋艺术，勾勒人生的态度和价值，我委实吓了一跳。当下即隐隐感觉，我遇到的不只是间社区面包店的出现，里面还有一位不寻常的师傅，此间烘焙坊的灵魂。

这也是我第一次认识何谓工艺面包师。习惯日式面包的消费者能否接纳，馅料不多、强调嚼劲和营养的欧式面包，没人有把握。但

图 / 刘克襄

火头工继续尝试，手作面包的各种新内涵。同时，与国外的面包师傅密切交流，进而摸索着跟本地食材完美结合的可能。

火头工大学时读物理，平时言行不免流露分析和研究的科学家性格。相信他的每一步都走得吃力而小心，失败必亦多回。说实在的，初次接触时，因为了解其制作面包的苦心，每回吃都有些谨慎。但十年后，火头工对待手作面包的情感，比过往自信许多。吃其面包终而有了轻松愉悦之境，甚而带着巧思的口感。

作为一个社区面包店，一间店面的成长，必然得力于地方食材的供应，以及周遭居民的长期支持。由此基础，制作出好吃健康的面包，自是理所当然。但哪来时间著书立言，且多此一举，火头工却不以为然。

在追求工艺面包的过程里，除了让自己的店面通过一块块面包，作为跟消费者交流心得的平台；写作一本面包相关的书，跟手作面包一样，都是此一阶段必须完成的任务。但不是立传留名，宣传自己的烘焙美学；而是打从面粉和发酵的基础认识，一堂堂悉心剖析，认真地跟更多热爱面包者分享。从事跟食物有关的工作，若非拥有坚强的人文信念，绝不可能有如此热情。

这本书通过说、做、吃三个部分表述，深入浅出地介绍面包，清楚地把如何制作面团、发酵过程、化学成分，各国的面包特色，以及食安议题，还有本地种麦的历史娓娓道来……吃面包若不懂因由，只能吃到七分口感。有了知识的理解，当下更懂得珍惜。

生做面包师，死为面包魂，火头工显然比其他人更愿意肩负责任，站在更前端的位置。简言之，火头工有一面包文化的使命感。文化的英文是culture，这个字有多重意义，也是面包里老面的意思。文化对多数人而言，是一种形而上的东西，但在面包的制作上，文化就变得非常具体：一块营养而美好的面包的完成，是从揉拌面粉、发酵到烤焙出炉。这么具体的文化过程，他当然责无旁贷，要努力传播，进而从这里摸索台湾食材的可能。而面包师维护先人传承下来的，老面与职人的精神，更应发扬光大，传承给下一代。

直到现在，我认识的仍是十年前那位火头工，继续谈文弄艺，继续是社区的工艺面包师，只是使命感愈发坚强了。

作者序

烤箱边的故事

吴家麟

在烤箱边上待十二年了，我一直想把这一段历程写出来，好让喜欢品尝面包的朋友，可以了解面包的材料制程和历史文化。爱做面包的朋友，可以通过这本书更深入了解面包的学理和技术，缩短两者之间的距离。四年前很荣幸得到出版公司林先生的邀约，把这段原本想连载的博客整理成书，但也担心变成一本文化垃圾，心里着实有压力也有期待。

回顾刚开始做面包的时候，不使用人工添加物，也不用预拌粉制作面包，然而，因为当时天然面包的风气不盛，坊间流行日式的面包，我很难找到地方学习，虽然厂商会聘国外的师傅来台湾讲习，可惜往往都聚焦在自家的产品，大部分内容不是我所需要的。所以，在学习的过程中，经常是状况连连，笑话百出。我曾经尝试用菠萝养酵母，把皮削掉，泡在水里，结果闹了个大笑话，回头看看一些科普书，才发现酵母存在水果谷物的表皮上，而我却在瞎忙！我决定不再闭门造车，开始大量阅读历史、微生物、物理、化学等各领域和面包相关的资料。同时加入很多国外传统面包师的社团或论坛，在学习中展开我的面包生涯。

起初我把重点放在酵母上，我开始和酵母交上朋友，我开始懂它的语言，我可以感受到它饿了、冷了、感冒了、生气了，和别人打架打赢了……于是我逐渐了解它的行为模式，轻易地在面团中建立它的王国，使它成为面团里的优势族群。几年努力下来，不论是商业酵母或是野生酵母，我大约都可以运用自如。

阿段烘焙面包店外种了不少香草

由于毕业于物理系，在研究所学的是管理科学，我习惯把所有事情结构化和数据化，例如：打面团搅拌几分钟、温度几度，都希望非常精准，然而每天的温度、湿度不同，每一种面粉特性不同，企图用一个公式套用是行不通的。打面团需要管理的不是时间温度，而是依照面包师傅对一个面团的诠释，去管理面团需要搅拌的程度；面包师傅需要以一个艺术工作者的态度，把每一天的面包都当成艺术作品去呈现。这十几年来，我从面包微观的世界，体悟了很多哲理，生命因为面包而丰富，在这一段学习与分享的时光，作为一个面包职人，我也学会了对大自然的崇拜，甘做一个平凡谦卑的火头工。

朋友们常问我为什么取火头工这个名字，这故事其实来自少林寺的厨师火工头陀。传说是这样的："少林寺自唐朝开始就供奉紧那罗王，元朝至正初年，红巾军围困少林寺，危难之际，原在厨下负薪烧火的僧人持一火棍挺身而出，大喊'吾乃紧那罗王也'，遂以拨火棍击退红巾军。这位火工头陀相传也是太极拳祖师张三丰的师父。”

十二年前，我汲汲营营于名利；在烤箱边上工作后，我放下一切，回归平凡与宁静，期许自己能如同少林寺烧柴生火的火工头陀，在火炉旁默默认真地工作，坚持、分享与奉献，所以取名火头工。

这本书的内容分成“说面包”“做面包”“吃面包”三个部分。

“说面包”的部分主要是从历史的角度看面包的演进，用浅显简单的叙述方式，让朋友们可以轻易了解面包的架构，目的在于缩短消费者和面包师傅之间的距离。

“做面包”的部分强调低温长时间自然发酵法，尊重传统而不排斥现代科技，并提供15种配方作为参考。

“吃面包”的部分不是提供食谱，而是从综合配餐、饮食文化的角度出发，思考面包如何融入生活，成为日常餐食的一个选项。

最后，这本书不是教科书，只是这十二年多的经验和心得的分享，还请先进们多给予指导。有缘出版这一本书，要感谢我的面包启蒙老师，也是我的妻子兼老板段丽萍女士，没有她的鼓励和协助就没有今天的火头工；也感谢联经出版公司发行人林载爵先生一路督促与鼓励，从林先生提起至今前后将近四年终于完成；还有很多一路相伴的朋友们，因为有你们所以能够成就这一本书，非常感谢！

作者序

写在简体中文版发行之前

吴家麟

从2005年开始进入烘焙的领域至今14个年头，这本书的内容是归纳这些年来制作面包的经验，有些是主观的，有些是客观的，严格来说，并没有达到科研的水平，只是过程的分享，如果以科技实验室的标准来要求，还有一大段的距离。我一直期待能够催生一个烘焙实验室，有足够的设备可以进行分析研究，做出定性定量的报告。这个实验室具备两个主要的部门：其一是生物化学的部分；另外一个部分则是作系统模拟，例如分析3维粒子行为，了解在搅拌缸、烤箱、发酵箱等设备里气体分子和面团之间的热导关联性活动。这类的实验室，很多，但是单以烘焙为导向的不多，能够独立于商业考虑，成为善意的第三方、面向服务于广大的烘焙师傅的更是少见。

在没有实证理论和实验的支持下，只能在面团不断重复操作的过程中，逆向寻找相关的理论，套进制程中解释发酵行为。但片面的解说，有可能不够周延，烘焙领域的市场够大，足以撑起一个实验室，期待有朝一日，能有一座烘焙实验室出现。

这本书能够在内地发行，感谢福建科学技术出版社，也特别感谢陈滢璋先生的协助。

C O N T E N T

目　　录

说　面　包

2 做 面 包

3 吃 面 包

1 说面包

制作面包的辅助材料

各种小麦与面粉
T55面粉
卡姆小麦
红藜麦
黑麦粉

斯贝尔特(spelt)小麦

普通小麦粉

杜兰小麦粉

面包是从哪里蹦出来的?

数不清有多少日子在烤箱边度过。我从很多地方学习到面包的技术和理论,并且不断地练习;每次尝试新的方法都是一段冒险的旅程,尤其当面包伴随着麦香出炉的时候总是让我觉得诧异,心里想着这个方法究竟是谁想出来的,这些累积千年的技术总是令人如此惊喜。半夜里我经常阅读典籍、文献、史书,想象着先民是如何做出面包,究竟是谁第一次把面包这美好的食物呈现在众人面前。在呈现出的那时,应该就是一幅喜悦、欢乐与饱足的画面,于是,如何重现古老而单纯的麦香,渐渐地成为我终生的志业。

通过不断翻阅古老的传说和记载,我发现最早的面包记载出现在欧洲,考古学者在岩石上发现面包残余物的痕迹,经过检测之后,发现距离现在大约有三万年。因为这些面包没有经过发酵的程序,显然当时还不具备利用酵母菌发酵食物的技术,但是人类已经知道干燥磨碎的种子不会继续成长,可以大幅度延长谷物的保存期限,所以把磨碎的谷物加水调和成了面糊,放置在篝火旁边炙热的石头上烤过,制作出没有经过发酵的饼。这一类的煎饼流传到今天,世界各地都还有人制作。饼没有经过发酵的程序,做法很单纯,只要把面粉加水调和之后烘烤即可。从现代来看,做饼的技术比做面包容易,因此,我们一般相信先有饼然后再有面包,而且饼是不经意从石头上蹦出来的。

食物与火的技术是先民们的发展史中最重要的元素。三万年前,谷物研磨的技术发展起来后,先民们将谷物干燥、去掉不可食用的纤维质之后,研磨成为面粉,再制作成饼。饼的产生,大幅延长了食物的保存时间,并且建立了食物量化生产的基础。以往先民们辛苦狩猎和攀摘,获取物的保存期很短,必须在腐败之前尽速吃完；有了谷物研磨的技术，先民可以“积粮、屯田”，让粮食产量增加。社会学家马斯洛(Abraham Maslow)说人有5个需求层级，当其中最底层的生理需求得到满足，当衣食无忧，先民们就有时间和人力进行分工，有人种田，有人打猎，有人开发新技术与产生创新的逻辑思维。在这个基础上，面包、面食、馒头有关的发酵技术也就渐渐成形。

古埃及国王拉美西斯三世坟墓壁画上的记载

关于发酵面包，已知最早的证据存在于至今已有三千年的古埃及国王拉美西斯三世(Rameses III)的坟墓里的壁画上。壁画详细记载着当时制作面包的流程：壁画图片的左上角，描绘将微微出芽的麦子捣碎，进行发酵，取得麦汁；接着从第二张图开始，描绘面团进行发酵、分割、整形；至最右边进行烤焙。最右侧

发酵面包最早的证据，记载于壁画上。取自维基百科 https://commons.wikimedia.org/wiki/File:Ramses_III_bakery.jpg public domain

的圆柱形的炉子叫作tandoor，流传至今，很多地方还在使用，像是台湾的胡椒饼或烧饼都使用这种炉子，在中东、新疆也使用这种炉子烤馕饼。

圣经文字中的记载

随着食品保存的技术提升，各式高效能的炉灶也开发出来，替代石堆里生火的原始架构。有了足够的粮食，人类社会开始发展其他的民生事业，包括衣住行育乐等。为了保护既有的资源，同时争取更多的资源，士兵、将相、帝王、科学家、僧侣、教师纷纷出现在史书上；政治、军事、教育的组织分工在三千年以前的四大文明古国里几乎都已经成型，其中，埃及古文明在这段期间居于领先的地位，形成人类文明的基本要素，包括哲学、宗教、生化物理科学、医学、数学、艺术等领域的基础。人类为了能够更加精准地传承这些思维与技术，把文字发展得更为结构化，可惜民生的议题与政治之野心常常落于佛家所说的无间道上的“模糊与两难”，迫使人类展开几千年来以战争为主轴的历史。面包就在宗教、政治、民生冲突最激烈的时代中，留下第一段完整的记载。

最有名的一段故事是在《圣经》里的出埃及记。故事叙述摩西带着族人离开埃及，展开长达四十年的旅程。在这段行程中，记载了三种和面粉有关的食物，分别是无酵饼(matza)、辫子面包(challah)和吗哪(manna)。离开埃及的时候，神要他们携带没有发酵过的无酵饼。我认为这个记载很合乎科学逻辑，因为没有发酵过的干粮比较容易保存，而且没有经过发酵不会膨松占空间，扁平的饼比较容易大量携带，适合战争或逃难。

除了无酵饼以外，圣经也记载周一到周五太阳下山前，天上会掉下一种叫做吗哪的食物，使人民得以温饱。这有点像是现代对受灾地区空投食物，可惜配方没有跟着丢下来，所以我没找到吗哪的配方。至于辫子面包，则是在周五太阳下山以后到安息日吃的。我们可以想象这四十年走走停停的日子相当辛苦，在安息日休息的时候，才得以吃辫子面包这一类比较精制的美食。

古代的人怎么做面包？

我在烤箱边上安安静静做了十二年的面包，经常在半夜梦到自己还在搅拌面团、分割整形，隔天一早起床手臂感觉很酸，连自己都觉得好笑；脑袋里的思绪单纯到只有面包，周末唯一的工作就是不同的阅读，等候下星期的到来，有点像孔老夫子的学生颜回“一箪食，一瓢饮，在陋巷，人不堪其忧，回也不改其乐”。我的生活趋向简单，然而生命却因为面包更加丰盛。每当面包

左　面粉
右　盐

出炉，那单纯、自然的香气总让我的内心有着说不出的喜悦。

老祖宗把谷物干燥，并且去壳磨成粉，可以延长保存的期限，接着进一步把面粉加水调和成面糊，这些面糊没有经过发酵，直接烘烤成扁平的薄饼。在前文提到，圣经里记载的无酵饼，就是这一类型。我们把没有发酵过的面包归为饼类，这是制作面包最简单的方法。

古人没有像现代这么复杂，面包只分成无酵和发酵两种。无酵面包的材料也单纯到只有“面粉、水、盐”三种而已。我可以想象这些简单的素材所烘烤出来的薄饼，如何在空气中散发出原始的麦香，我相信任何事物越接近真善美，其形式势必越简单。现代科技制造出各种人工添加物，反而把面包弄得复杂。

远古时候并没有微生物方面的知识，但是，当古人们发现面

水

糊置放的时间较长，会产生气泡和酒香，接着烘烤面糊，意外得到了口感外酥内软的面包，聪明的老祖宗因此学会了制作面包。虽然几句话就说完了，可是考古学家的有关发现从三万年前的化石，一直到三千年前的壁画，前后经过了两万七千年的岁月。

面包的英文是bread，荷兰文是brood，德文是Brot，这些都是源自于词根brew。这个词根在现代表示“酿造”，而起初的含义是“发酵”。发酵过的面团，气孔较大，柔软且芳香，因此得到大家的喜爱，逐渐成为先民的主食，成为人类文明不可或缺的元素之一。

在古代，面包甚至被赋予了社交与感情交流的意义。这一点表现在文字里，例如英文里的伙伴是“company”或是“companion”，这个词源自于拉丁文的com with panis，中文可以翻译成“带着面包来”，可见面包已经融入当时的日常生活。而我们现在过父亲节、母亲节，或是探视病人，常携带的是蛋糕；其实应该保留祖先留下的美好做法，携带健康自然的面包探视长辈、朋友或病人。所以，出门送礼可以带面包，健康、自然，礼轻情意重。

老面(levain)是什么东西，扮演什么角色？

“生生之妙，无有至深”，十二年的面包生涯让我深深体会这一句话的哲理。从无到有，从有到富裕，从富裕到奢华，从富裕到复杂，最后又回归到自然，人生几乎跳不开这个思维模式。面包也是，从单纯的盐、水、老面、面粉到添加物泛滥，最后在不断的食安风暴中又回归到自然，生生循环。

先民们没有商业酵母，这是缺点也是优点，因为他们必须靠着长时间置放才能做出老面，再用老面发酵面包，这种方法做的面包比起现代的速发面包更加健康美味。第一次拿来发酵面团

左　培养中的液种老面
右　培养完成的液种老面

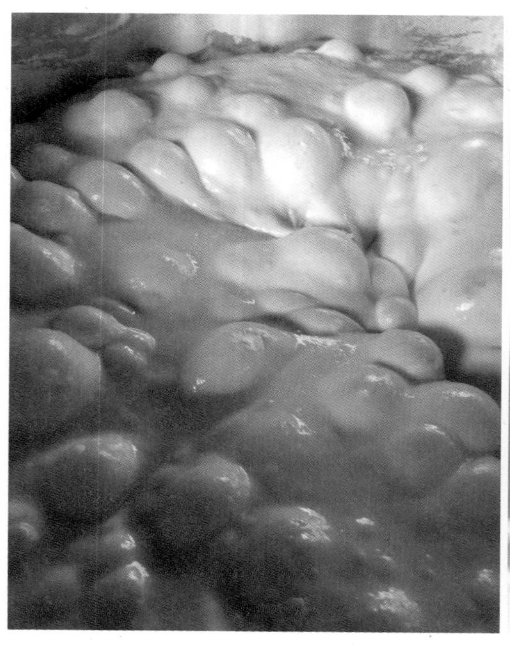

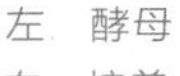

左　酵母
右　培养中的硬种老面
下　刚搅拌好的硬种老面

的面糊称为“起种”(starter)，向它加入面粉揉成面团，等到发酵产生香气之后，再拿去烤成面包。而每次制作都留下一部分的面团，用来制作下一次的面包，这部分面团就称为老面，如此生生不息。

从现代科技的角度看老祖宗用老面的方式发酵面包，其实很符合学理。面团会发酵是因为谷物里有酵母，发酵时产生二氧化碳和酒精，使面团膨胀，并有香气；每天不断重复保留的老面，时间越长，所含的酵母菌越多，加入面团后越容易让酵母菌成为优势菌种，这和现代生物科学“纯化”的原理一样。久了，老面变成可以世代传承的资产，所以，英文使用culture代表老面，很有意思，culture这个词也表示“文化”，这里面有很深层的含义。

老面的法文是levain，因此，台湾有人直接用这个发音把老面叫做“鲁邦种”。而意大利人的老面叫做lievito madre，另外我们把德国、俄罗斯、美国旧金山制作酸种面包的老面，叫做酸面种(sourdough)。面包师傅要退休的时候，就把老面——culture——“文化”传给他的徒弟。文化是先人智慧的汇集，面包师傅维护先人传承下来的老面与职人的精神，并发扬光大，再传承给下一代，薪火相传，永无穷尽。

在制作面包的过程里，老面负责“前置发酵”——也就是说，有使用老面时，发酵过程被分成前、后两段，整体的发酵时间延长。如果发酵时间充足，酵母就会大量繁殖；而酵母的食物是葡萄糖，酵母族群大，可能会把葡萄糖吃光，闹“粮食饥荒”。而把发酵程序分成两段后，酵母有足够的时间从容不迫地释放各种酵素，特别是其中的淀粉酵素可以将淀粉分解成为葡萄糖，供应酵母族群成长。因此在发酵时间很充裕的时候，面团不需要加入人工添加物；这一方法的缺点是时间较长、工序比较复杂。

发酵程序

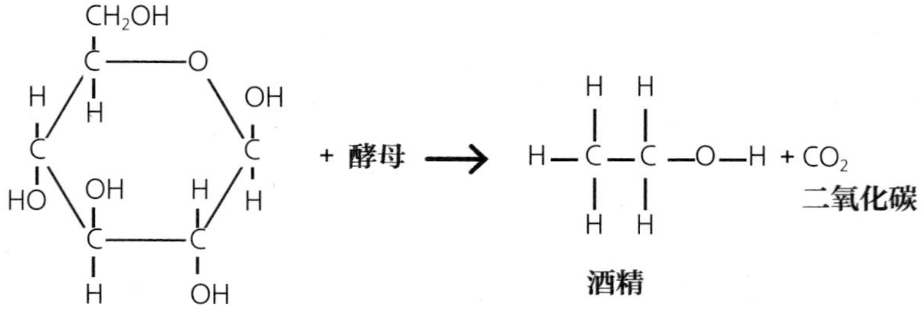

CH_2OH
C—O
H H OH
C C
HO OH H H
C—C
H OH

葡萄糖

+ 酵母 ⟶ H—C—C—O—H + CO_2

H H
H H

酒精

二氧化碳

酵母菌怎么被发现的？

早期的面包店，利用代代相传的老面制作面包。那时没有现代化的冷藏设备，这些老面种的保存相当辛苦，必须每天像照顾小孩般地喂养呵护。没有老面就没办法发酵面包，面包店因而变成世袭垄断的行业。1780年，聪明的德国人把面包店传承很久的老面大量制造做成“老面种”商品，卖给想开面包店却没有老面或是不想耗时费工喂养的人，于是大家都可以直接用现成的老面种来制作面包，形成工业化分工。

这是世界上第一个卖老面种的企业。面包产业结构开始发生变化，以往学徒拿不到老面，一辈子就是学徒，这一套模式流传到现代，很多面包店还是把老面当作公司的最高机密，用来区隔市场，避免学徒在邻近也开一家店而互相竞争。1780年以后，那些拥有面包制作工艺的人，已经可以轻易地买到老面种开店制作面包。接着1800年，这些制作老面种的工厂已经学会把原本带有水分的老面(我们称为湿性的老面种)涂抹在纸上，形成很薄的薄膜，并且在低于35℃的条件下烘干；干燥后的薄膜很脆，可以直接打成粉，再用低温保存，需要用的时候加水调和，就能恢复活性。这种经过低温脱水的老面种，方便携带，也能延长保存的期限。现代很多工艺面包师傅还沿用这种方式，保存辛苦取得的老面种，这也是近代商业酵母的前身。

面包产业到这个时候已经具备工业生产的基础。以当时科技的水平，人们还不了解老面种的主角就是酵母菌，只是把水果或谷物经过长期的培养，制作出稳定的老面种，卖给面包师傅。虽然开面包店的门坎开始降低，社会分工使产能提高，但是相对地也损失了独特性，面包店变得没有个性，每家店做出来的产品都大同小异。

酵母的英文是yeast，在印欧语系里yes-这个词根的意义是boil、foam，或是bubble，翻译成中文就是"泡泡"，因为面团发酵的时候会冒泡泡。

1680年，荷兰的自然学者列文虎克(Antonievan Leeuwenhoek，1632~1723)透过显微镜观察到酵母，但是那时候他还不知道有微生物的存在，只是很好奇这些小东西是什么玩意儿。直到1857年，刘易斯·巴斯德(Louis Pasteur)才证实老面种发酵是由微生物酵母产生气体，而不是化学反应。这是一个很重要的成就，既然知道发酵是由微生物进行的，就可以在实验室中利用适当的培养基，例如洋菜、马铃薯泥，在安全的环境中分离酵母的菌株进行培养，并且大量工业化复制，生产出现代的商业酵母(commercial yeast)。商业酵母不一定是单一酵母，每家厂商取自不同的来源；纯化后，加上载体和外披覆延长保存期限；为了让面包师傅更方便使用，各家厂商都有独特、合法、安全的添加物，一般最常使用的添加物就是乳化剂和酵素。

面团发酵的时候会冒泡泡

酵母菌和我们玩躲猫猫几万年，而我们认识它只有160年，感谢巴斯德的发现，帮我们进入微观宇宙。我们抬头所看到的星光点点，每一点都是一颗星球等待我们去探索，

同样地，微观世界也充满可能，细菌、细胞……也有太多奥妙等待我们去探索。

现代生物科技发达，酵母从自然界中取得、经过实验室纯化之后，大量复制；为了方便用户，发明出了更加稳定的产品，酵母加上载体和外披覆之后，可以在常温中保存达到一年的时间，这也就是所谓的商业酵母，在居家附近的杂货店都可以买得到，很方便。目前市面上销售的商业酵母种类很多，干酵母、即溶干酵母、新鲜酵母等，大多数的面包店都在采用。

传统的面包师傅会以传承数百年的方式制作起种和老面，一般称其为天然酵母。事实上商业酵母和天然酵母两者都来自于天然的环境，不同在于商业酵母以现代科技的形式包装。先民没有商业酵母可以购买，大都以谷物、食用水果，例如小麦、裸麦、葡萄、番石榴、红枣、枸杞、酒曲等进行培养，数千年的制作经验里，没有使用添加物，唯一的载体就是面粉。虽然商业酵母浓度高、方便使用，但拥有一个传承百年或是具有区域特色的老面一直是面包师傅的骄傲，因此老面是世界级面包大赛常有的比赛项目之一。

同样的发酵概念也被运用到许多的传统发酵食品，涵盖范围很广，例如酸奶、奶酪、酒酿、泡菜、酱油、食醋、豆豉、黄酒、啤酒、葡萄酒、臭豆腐、酸黄瓜、苦白菜、冲菜、韭黄、茶叶、绿豆篁等。虽然各个行业都有现代发酵技术可以降低生产时间和成本，然而这些行业的师傅也以拥抱百年传承的发酵方式为荣。

酵母菌在面团里面做什么?

邻居的菲佣常常来买面包。有一次她实在忍不住对我说:“叔叔你一定很有钱。”我听了觉得很好笑,问她为什么,她说:“你看,一点点面团发这么大!”很有趣,原来我这么有钱自己却不清楚。其实,我发现不管有没有做过面包,大家都知道面团会冒泡泡,然后变大,这就是我们所谓的发酵。不断产生气体就是酵母菌的作用,而发酵不是在发现酵母菌之后才有的名词,早在三千年前先民对于发酵已经掌握得很好。

英文发酵fermentation源自于拉丁文fervere与toboil,意思是:像煮沸一样会冒泡泡。考古学者在不同的地方发现很多证据,显示先民们已经会使用发酵方法来制作面食,从公元前7000年的中国大陆,到公元前1500年的苏丹,世界各地都找到了使用发酵面团的考古证据。先民虽然还没有对微生物的认识,但是从长期的经验,他们了解传承越久的老面越稳定,发酵能力越好。现代科技进步,我们已经充分了解百年老面的主角其实是酵母菌,它们在缺氧的环境下进行发酵作用,释放酒精和二氧化碳,当酵母菌在面团里成为优势菌种,老面就稳定了。

酵母菌发酵的程序

$C_6H_{12}O_6$(葡萄糖)→$2C_2H_5OH$(酒精)+$2CO_2$(二氧化碳)

酵母在有氧的环境(aerobic)也能生存，它们改成进行呼吸作用把葡萄糖转化成二氧化碳和水。呼吸作用产生的能量远高于发酵作用，可以加速酵母的世代繁殖。

水量越高，氧气就越多，此时酵母执行呼吸作用的几率较高，繁殖较快，但相对也损失发酵过程产生的风味。水量越低、氧气越少的面团，发酵风味越好，时间需要越长，但是风味绝佳！同时因为酵母不会游泳或移动，需要增加面团翻折的次数，可说是耗时费工。因此，我们在制作面团的时候，可以充分运用溶解在水里的含氧量来调节发酵过程，让面包师傅得到想要呈现的特性。

微生物的世界和人类的社会大同小异，既竞争又不得不相互依赖，这种微妙的关系，我们的术语叫做“社会”或是“国际”。发酵时酵母大量地排放酒精，可以杀死或是抑制很多其他的微生物，加上不管是发酵或是呼吸都排出二氧化碳，消耗掉氧气，这使得耗氧的微生物难以生存，几个生命循环周期下来，酵母就会成为面团里的优势菌种。

酵母菌非常地霸气，像人类一样，一旦占领了地球，就会强势地发展与排他，形成地球上的优势族群。当酵母菌的实力越来越强大，有些微生物处于劣势不敢不低头，眼看活不下去了便会妥协，它们所选择的方式就是和酵母菌互利共生，例如乳酸菌和醋酸菌。站在我们的高度看微生物，它们的世界其实很有趣也很人性化；同样地，神(倘若存在)站在他的高度看我们，应该也会觉得很有趣。

酵素(enzyme)扮演什么角色?

大大小小的生物都一样,没吃就会饿死,吃多了会撑死,太大块又会噎死,微生物也不例外。酵母不管是进行发酵作用或是呼吸作用,都需要大量的葡萄糖当食物。这些属于单糖的葡萄糖从哪里来呢?谷物里最大宗的成分是淀粉,淀粉是一种白色、无味、无臭的粉末,分子式$(C_6H_{12}O_6)_n$,是多糖,有直链式和支链式两种。小麦的淀粉大都属于直链式,酵母无法直接食用,必须依赖淀粉酵素(amylase,淀粉酶)把直链式的多糖分解成单糖。淀粉酵素的来源可以是酵母菌自身,此外,谷物种子发芽的时段也会释放出大量酵素。

1965年诺贝尔奖得主贾克·莫诺(Jacques Monod)提出“两期成长理论”:酵母菌在第一期吸收葡萄糖,可以快速成长;当这些葡萄糖被用尽的时候,酵母菌进入第二期,释放出酵素裂解淀粉等多糖为单糖,进行成长。

两期成长理论

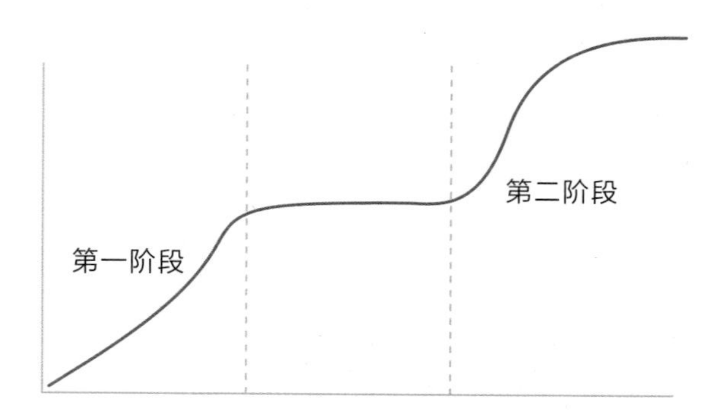

酵母在第一阶段食用葡萄糖,快速生长;在葡萄糖用完的时候,释出酵素去裂解淀粉为单糖(葡萄糖),继续生长。

酵素有另外一个名称“酶”，又叫做“触酶”。很多种子或微生物都具备释放酵素的能力，帮助它们分解大体积的物质成小物质以食用。酵素被称为触酶，是因为它们有一身宇宙无敌的功夫，只需要与材料接触，而用不着消耗自己，例如：酵母释出淀粉酶去裂解体积庞大的淀粉，把它变成葡萄糖供己食用；裂解完之后，酵素还是毫发无伤地变回自己，继续下一回合的动作。所以酵素的数量不需要多，却可以执行庞大的任务。

台湾人习惯吃加料的甜面包(enriched bread)。很多人认为面包一定要放糖才能制作，其实这观念是错误的。如果有足够的时间和水让淀粉酶产生作用，它会把淀粉分解成糖，所以很多无(蔗)糖的面包，采用长时间发酵，面包依然很甘甜。在店里我最怕被客人问到：你的面包有没有放糖？淀粉本身就是多糖，如何回答呢？头痛！我只能回答没有放“蔗糖”。

所以发酵不单是酵母的运作，还包括了酵素的参与。从古埃及国王拉美西斯三世坟墓的壁画，我们发现先民们很早就知道如何选择在最适当的时机进行发酵。他们把谷物打碎，虽然

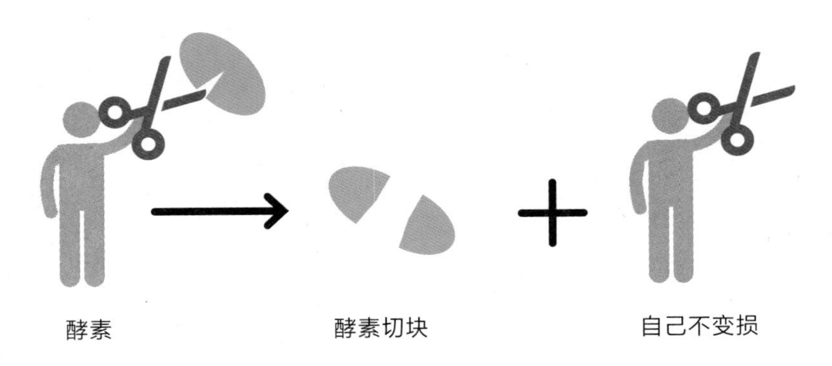

酵素有如一把利剪，把淀粉或蛋白质切成小块。

壁画上没有说明那些正在被捣碎的麦子是否发芽，但是从生产麦汁（wort）用来发酵的流程来判断，那些应该是刚发芽的谷物，和现在的酿酒程序一模一样。他们也许不懂微生物，但是经验的累积让他们了解谷物微微发芽的时候，释放出来的酵素最多。先民就利用这个酵素最多的阶段制作麦汁，用来发酵面包。事实上，这个阶段的谷物也可以用来酿酒，面包和酒两者发酵的原理一样，所以有人说“酒是液态的面包，面包是固态的酒”。

酵素的活力在30℃到50℃时最强，超过65℃，酵素完全失去作用。到目前为止，酵素还无法用人工合成，所以欧盟的人工添加物编号（E-Number）系统把酵素剔除了，认为酵素是合法的天然食品。

对于制作面包而言，有三种酵素最为重要，其一是裂解淀粉的淀粉酵素（amylase，淀粉酶），其二是裂解蔗糖的蔗糖酶（sucrase），其三是裂解蛋白质的蛋白酶（protease）。

酵素与温度的关系

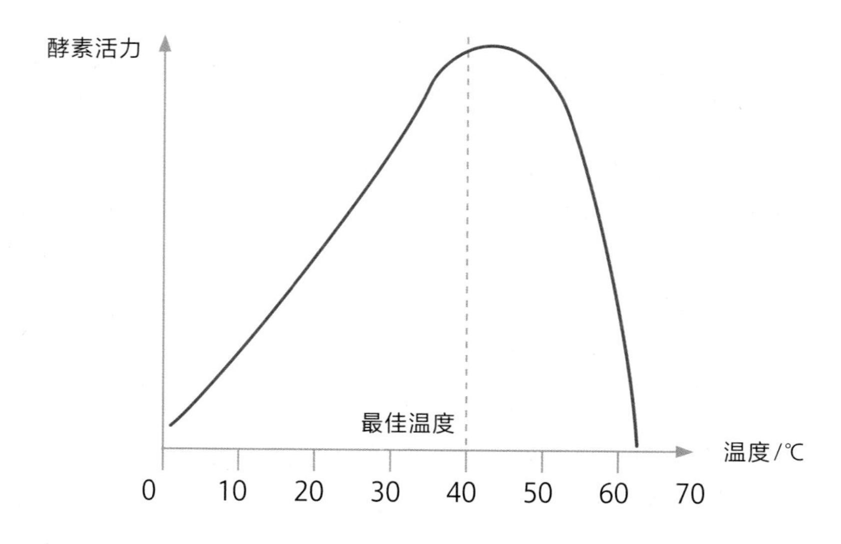

这三种酵素在面包的制程中扮演很重要的角色。淀粉酶和蔗糖酶提供酵母最基本的食物葡萄糖，使酵母的族群数量增加，然后酵母排出大量的二氧化碳，使面团受热时可以膨胀、体积变大。蛋白酶切割蛋白质，增加面筋形成的机会，使面团的结构更加稳定。

淀粉酶切割淀粉成为单糖

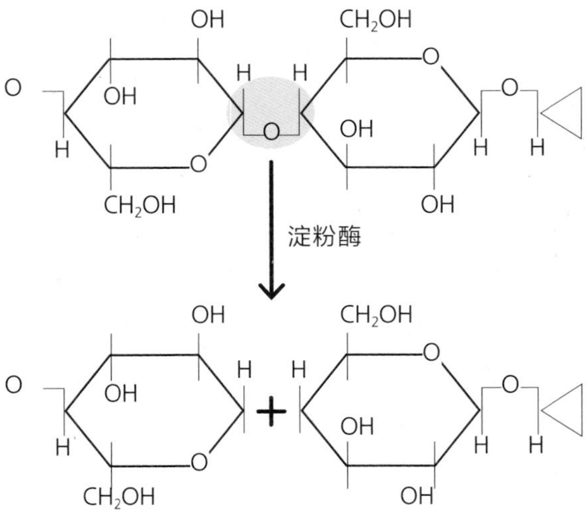

淀粉酶

淀粉酶有 α-type 与 β-type 两种，其中 α-type 把直链式的淀粉 $(C_6H_{12}O_6)n$ 切割成单糖葡萄糖

梅纳反应和焦糖化
产生面包的色泽和香气

佛家把人和外宇宙接触的界面，分为这六个频道：眼耳鼻舌身意，色声香味触法。眼观色，耳听声，鼻闻香，舌探味，身觉触，意传法，很显然视觉颜色摆在第一位，可见颜色的重要性。做面包的道理也一样，简单来说，面包的色泽关系到卖相，直接影响到销售量。

酵素把淀粉裂解成单糖。事实上，淀粉酵素有 α 和 β 两种不同的形态，随着切割的角度不同，会切出不同的糖类，葡萄糖只是其中一种。这些被切割出来的糖类多半属于还原糖(编者注："还原糖"指具有化学还原性的糖，"还原性"是指会在化学反应中给出电子，与"氧化性"夺取电子相反)。

法国科学家刘易斯-卡密尔·梅纳(Louis-Camille Maillard)在1913年发现，还原糖扮演一个很重要的角色，就是和蛋白质的氨根等结合，产生一连串的化学反应，使面包产生颜色和风味的变化。这说明面包表皮上色不单纯是由糖类焦化所引起。这一发现在1953年由美国伊利诺伊州化学家约翰·霍奇(John E.Hodge)正式发布，并以原始发现者的名字，命名为"梅纳反应"(Millard Reaction)。

梅纳反应从40℃就开始缓慢地进行，而蔗糖的焦糖化需要到160℃以上才开始进行。蛋糕烤焙的温度较低，无法达到焦糖化所需要的温度，因此很多人在制作蛋糕时会加入"转化糖"，"转化糖"是蔗糖通过酵素分解成的葡萄糖和果糖，这些都属于还原糖，可以参与梅纳反应，协助蛋糕上色。面包的烤焙温度较高，一般都会超过200℃，在烤焙的前段，面包上色的原因主要还是梅纳反应，到了后来才是焦糖化反应。熟练的面包师傅善于

梅纳反应

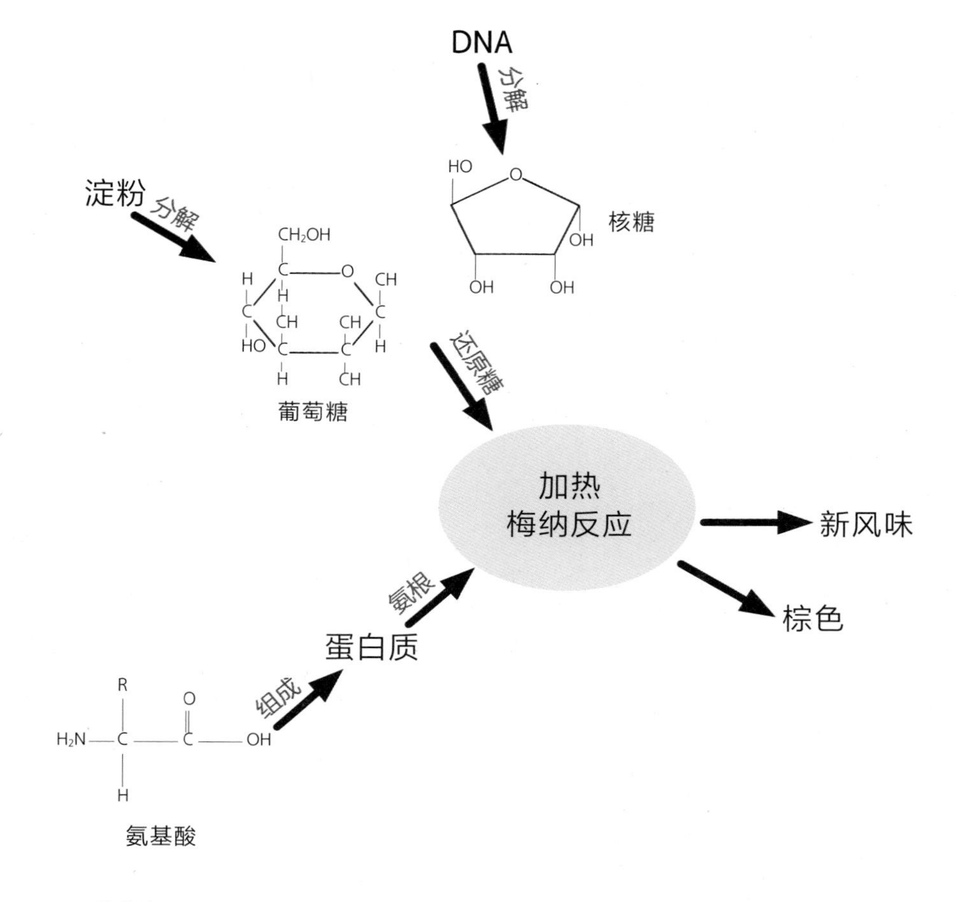

编者注：

DNA分解成核糖，淀粉分解成葡萄糖，它们都属于还原糖，可参与梅纳反应；蛋白质由氨基酸组成，含有氨根（不需要分解成氨基酸），可参与梅纳反应。

根据这两种反应控制烤箱的升温和降温，来取得他期望的风味；所以制作面包的制程和材料或许相同，然而不同的师傅会有不同的诠释方式，原因就在这里。

焦糖化反应是在高温脱水的情况下，碳氢氧聚集形成高分子的链接，产生颜色和风味的改变，与酵素裂解出的还原糖无关。蔗糖、葡萄糖在160℃以上产生焦糖化反应，麦芽糖在180℃开始，而果糖只要在110℃就开始进行焦糖化反应。

梅纳反应和焦糖化反应，是影响面包颜色和风味的两个主要因素。梅纳反应产生的色泽为黄色到褐色，味道芳香；焦糖化反应产生的颜色为褐色到黑色，味道偏苦；产生焦糖化反应的温度比梅纳反应高出很多。我们可以利用这段温差设计产品烤焙的温度，例如：乳酪蛋糕烤焙温度我们设在120℃到150℃之间，就比较没有焦糖化的问题；磅蛋糕的糖量较高，我们希望有些焦糖化的风味，可以把温度设在150℃到180℃之间，分段烤焙，前低后高，前段进行梅纳反应，后段用短时间升温，使表面微微焦化，风味绝佳。烤面包也是以同样的原理进行，特别是烤2公斤左右的大面包，我们前段的温度会降低到180℃以下，长时间把面团内部烤熟，最后再升温。

煮焦糖

乳酸菌、醋酸菌可以和酵母菌共存

1860年，法国酒商曾经发生葡萄酒变酸、无法长时间保存，因此蒙受重大损失的事情，这就是著名的“法国酒病”(Diseases of Wine)。正好，1857年刘易斯·巴斯德发表了关于酵母菌的论文，于是法国政府指派他去了解并解决问题。他怀疑在发酵的过程中，除了酵母菌以外，可能还有其他微生物和酵母菌并存，这些微生物就是使葡萄酒变酸的原因。果然他发现了是乳酸菌在捣蛋，葡萄酒变酸，是乳酸菌制造出乳酸的结果。这个发现解除了法国酒商的困境。现在，我们已经了解乳酸菌属于益生菌类，它们把葡萄糖转化成乳酸，使面团产生美好的酸味；除了和酵母菌竞争食物，乳酸菌也会处理酵母菌的残骸，所以两者可以并存，亦敌亦友。

酵母菌、乳酸菌共存曲线

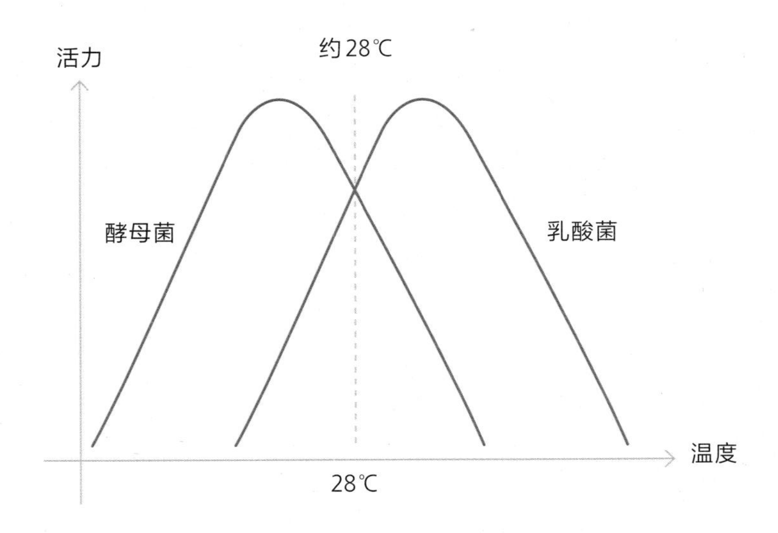

另外，还有飘浮在空气中的醋酸菌也会产生酸味，它们是益生菌，把酒精转化成醋酸，所以中国字在以前有两种写法——“醋”或是“酢”，意思即“昔日之酒”或是“昨日之酒”。酒精是酵母进行发酵反应，分解葡萄糖、吸收其中的能量后排出的“废物”，所以，醋酸菌担任的是“扫厕所”的职务，它和酵母菌也是共存的。在面团里，两者都会产生酸味，可以用现代的酸度计测量面团的pH指数，pH=7是中性，值越低越酸，大于7就是碱性，我们可以接受的酸度范围大约在pH=3.8以上，低于3.8就太酸了。

细菌和人类一样有生老病死、新陈代谢等问题，为了生存，细菌的社会已经发展出一套游戏规则，有些在竞争中相互厮杀，有些又会选择共存相依，成群结党，打群架。酵母菌、乳酸菌和醋酸菌就是形成共生模式，相互依存。这是细菌在几亿年来都可以生存的原因，即使在恶劣的环境，它们也会形成耐热抗酸的孢子，然后缩在里面睡觉，等待机会苏醒。

酵母菌的个头大约在直径10μm到40μm；乳酸菌个子娇小，大约只有直径1μm。在制作面包的过程中，我们可以运用温度的调整，控制面团的酸度。低温长时间的发酵有利于酵母菌的成长，在酵母菌越来越多，成为面团里的优势菌种之后，我们再调高温度使乳酸菌成长，面团的酸度自然升高(pH指数下降)。我们就利用这个原理制作酸种面包。

酸种面包是旧金山的骄傲

酸老面源自于欧洲，默默运作了好几千年。1849年美国淘金热的时期，一位来自法国勃艮第的面包师傅伊西多尔·布登(Isidore Boudin)把制作面包的技术带来美国，并且在旧金山设立一家面包店Boudin Bakery，这家店几经易主，但是一直开到现在。他带来的酸老面，就是后来举世闻名的“旧金山酸老面”(sourdough San Francisco)。旧金山酸老面所制作出来的面包就叫做旧金山酸种面包，现在已经成为世界各地竞相学习的对象，也是旧金山的骄傲产业，风靡全世界，成功的原因主要在于面包本身的特色和美式的营销手法。因为旧金山酸面种面包的成功，很多生物科技公司陆续推出酸面种的风味添加剂，使酸种面包更容易大量生产。

面包属于民生产业，以前面包师傅彼此之间不太需要竞争，也不需要花时间成本去作广告营销，只要面对面团，好好把面包做好，小小的社区就可以养活一家面包店。但随着工业化体系的发展，人工添加物合法而且普及，新的制作面包的方法逐渐替代了传统面包店的方法，进行大批量生产的连锁企业逐渐抬头，通过行销宣传的模式攻占市场。

美国淘金热
图片取自
https://en.wikipedia.org/wiki/Gold_rush#/media/File:Panning_on_the_Mokelumne.jpg Public domain

唐 · 格拉做的酸种面包

两位微生物学者法兰克·苏奇哈尔(Frank Sugihara)和李奥·克莱恩(Leo Kline)在美国农业部实验室中深入研究，发现面团偏酸的原因在于面团里含有对人体很健康的乳酸菌，产生了乳酸。这样的面团一般用的面粉是裸麦(rye)，也就是俗称的黑麦磨制的，有别于一般制作面包的小麦面粉。裸麦以颜色较深、接近灰黑色得名，主要产地在德国到俄罗斯这一带，延伸到中国的东北地区。裸麦制作成的老面，口感偏酸，具有“苦者回甘，酸者生香”的特性。德国、俄罗斯以偏酸的黑面包闻名，而旧金山加以发扬光大。

结论是好的产品如果可以搭配好的营销模式，相得益彰，可以发展得更好。而作为面包师傅的前提是认真把面包做好，当产品达到一定的水平以上时，佐以善意营销的理念，两者就可以相辅相成。我看过很多很认真的面包职人，往往因为没有良好的通路而无法永续经营，这是很可惜的。旧金山酸种面包就是一个结合产品和营销的成功个案。

酸面种对身体有许多好处：

1.酸面种来自于野生酵母，有其独特的风味；

2.酸面种产生有利于人体的乳酸，乳酸量增高，相对地，抑制植酸(phytic acid)的数量，使矿物质更加容易吸收；

3.由于酸面种长时间发酵，有足够的时间让各种酵素执行裂解，因此面包更加容易消化；

4.酸面团可以抑制霉菌的滋长；

5.乳酸菌能产生有益的化合物，是天然的抗氧化剂，能预防癌症，对自体免疫疾病的治疗有帮助；

6.酸种面包传承最古老的制作工序，健康自然。

麦子的种类

面包主要的原料是面粉，面粉是由麦子磨成的，麦子种类很多，目前市面上看得到的品种主要有：小麦(wheat)、大麦(barley)、裸麦(rye)、燕麦(oat)、荞麦(buckwheat)、斯佩尔特(spelt)、杜兰小麦(durum wheat)、藜麦(quinoa)、西藏青稞麦(hullessbarley)、北非铁麸(teff)，卡姆小麦(kamut)等。

小麦主要的生产地依序为中国大陆、印度和美国，其次才是法国，而中国台湾、日本本土生产的小麦不够内部使用，大部分都要仰赖进口。

台湾主要的作物是稻子，麦子大都是利用冬季的时候栽种，所以我们误认为麦子是冬季作物，其实是因为台湾冬季雨水较少，很适合小麦生长。

台湾藜麦有红、黄、砖红、黑等颜色。这是台湾原生种藜麦。

台湾也有麦田(嘉义县东石乡十甲农场) 图/宏捷

卡姆小麦

台湾生产的麦子，最早栽种的品种是明清时代来自大陆江南叫做“在来赤”的品种。到了日据时代，日本本土的小麦产量不够，统治当局利用台湾第三期稻作休耕的时间，鼓励农民种植小麦。11月左右播种，次年3、4月收成，从播种到收割大约120天，收成后运回日本，弥补日本国内粮食的不足，于是台湾引进了日本“新珍子”“埼玉”等品种。

1949年以后，台湾的小麦大都属于混种硬粒小麦，介于美加的硬红麦和欧洲的硬白麦之间。日据时代，台湾小麦播种范围涵盖整个嘉南平原，从彰化到屏东、台东，云林至今仍有地名“麦寮”，可见当时的盛况。但是到了1950年以后，美国对台湾进行援助性贷款，大量的美国小麦以低廉的价格倾销，台湾的小麦失去经济价值，纷纷废耕。只有大雅一带持续种植小麦，供应公卖局金门酒厂酿酒用。因为耕种面积减少，50年来小麦种植技术渐渐流失，甚至经常听到有人说台湾只能种稻子，不能种小麦，其实这是不正确的。

不过以“美援”为名的那个时代，正是我年幼成长的阶段，留下很多很有趣的回忆。那个时代民生物资极端缺乏，记得小时候还穿过面粉袋制作的内衣，就是把面粉袋剪三个洞，脑袋钻进去，就是一件内衣；也吃过政府配给的面粉制作成的面疙瘩、馒头、饺子。妈妈还会把面粉加水和糖搅拌后放到平底锅上煎，这是我们家的特制煎饼；妈妈把桂圆干搅拌到面糊里，煎成薄饼，在那个民生匮乏的时代，它可以说是宇宙无敌超级好吃，到现在还很怀念。另外，炒面粉，炒到泛黄就是面茶粉，泡水喝就叫做面茶，这是我一生中难忘的回忆之一。妈妈离开好多年了，儿时的记忆，怀念又伤感。

1950年之后，台湾市场上的麦子都是以美国小麦(wheat)为主，面粉在当时对我来说就是美国小麦磨成的，从没想过麦子除了小麦以外还有很多种。2000年以后，台湾环保意识抬头，缩短碳足迹的概念兴起，人们又回过头来开始省思过分依赖美加进口小麦这个策略是否正确？在政府补助的前提下，小麦在台湾开始进行一连串的复耕行动，加上老少文青返乡的潮流，也吸引不少人返回故乡种植。

目前在台湾买得到的面粉种类越来越多了。在我的成长经验中，其他的麦子我完全陌生，后来开始制作面包以后，才知道麦子的种类其实很多，例如台湾少数民族朋友常会在小麦田的四周种植藜麦(quinoa)，藜麦营养价值极高，被誉为最适合人类食用的谷物，少数民族朋友用来发酵小米酒。

这些不同的麦子在每个区域影响了当地的文化、历史。制作面包最常用的还是小麦；其次是裸麦，裸麦又叫做黑麦，含丰富的乳酸菌，是制作酸种面包最好的原料。

地中海四周的国家，从意大利到土耳其都有生产杜兰小麦和卡姆小麦。杜兰小麦被做成面条、面包和许多当地的特色美食甜点。卡姆小麦原产地在伊拉克、伊朗，原名叫作khorasan，特性是颗粒很大，后来被美国农民移植到美国复育成功，美国人还跑去注册一个新的名字叫做卡姆(Kamut)，成为他们的商标。有趣的是，现在很少人知道什么叫做khorasan，市场上大家都只知道kamut，我们也不得不佩服老美的市场营销能力。

杜兰小麦粉

麦子的结构

麦子有这么多的品种，不同的品种磨成不同的面粉，特性也不一样，名称上如果都称为面粉，就很容易发生混淆，因此，面包师傅为了避免误解，会用比较专业的方法描述面粉。如果说到高筋面粉、低筋面粉等，大致上指的是小麦磨成的粉，其他特殊的粉则会冠上麦子的名称，例如：裸麦粉、杜兰麦粉、卡姆粉……

不同种类的麦子各有不同的特性，但是结构大致相同，主要由胚芽、胚乳和麸质三个部分组成。

1. 胚芽

胚芽的部分含有可食用的膳食纤维、脂肪酸和蛋白质，这几样比较容易腐败变质，因此在磨制面粉的过程中经常把胚芽分离出来，干燥后低温保存，单独销售，避免胚芽在保存环境中造成面粉变质。

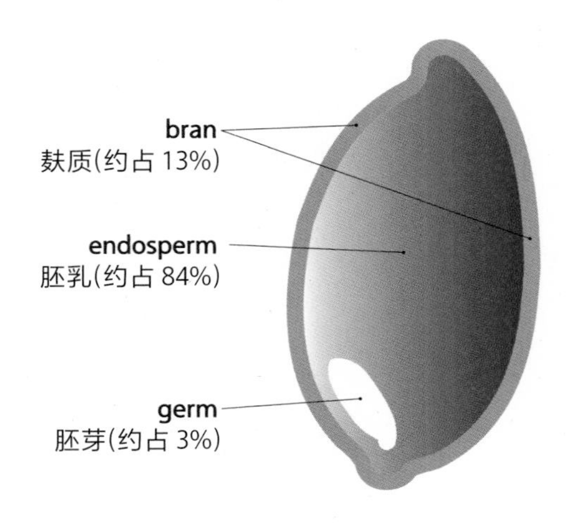

2. 胚乳

胚乳的部分主要是淀粉，其次是蛋白质和油脂。蛋白质的含量影响到面团的筋度强弱。一般我们将麦子磨成面粉，主要用的就是胚乳部分。胚乳含有大量的淀粉，是种子最大的粮仓，淀粉是多糖，经由酵素裂解以后成为单糖，提供种子发芽需要的营养。我们把麦粒磨成面粉以后，种子无法继续成长，酵母菌则利用自己产生的酵素把淀粉裂解成葡萄糖，用于自己的成长繁殖。

3. 麸质

麸质是较硬的部分，如果未经改善，则不适合食用。一般的面粉是不含麸质的——磨粉机可以将小麦的麸质区分出来，然后去除。但麸质中还是有食用的价值——含有相对较高的粗纤维、维生素B群。因此，人们会使用精加工的程序，让麸质和胚乳、胚芽一起做成全麦粉。但有些厂商会简单地把磨粉机分离出的麸皮研磨后，混合一些面粉当作全麦粉销售，久而久之很多人以为整粒研磨的全麦粉很粗糙，就是因为这种做法造成的。

面筋和面粉的分类

小麦中所含的蛋白质可分为麦谷蛋白(glutenin)、醇溶蛋白(gliadin)、酸溶蛋白(mesonin)、白蛋白(albumin)、球蛋白(globulin)等。其中麦谷蛋白、醇溶蛋白不溶于水,占小麦蛋白质70%以上,两者在氧化的过程形成强而有力的双硫键。双硫键数量的多寡决定面团筋度的强弱,也决定了面团的延展性,这就是我们俗称的面筋。在面包制作过程中,面筋和盖房子的钢筋一样,都是扮演着支撑的角色,面筋太弱面团会塌下去,而面筋太强则面包膨胀不起来。

同样是小麦也有很多不同的品种,蛋白质含量各自不同。小麦的品种大致上可依照麦粒的颜色(红或白)、硬度(硬或软)和播种季节(春或冬)三个条件来区分。不同品种的小麦可以用来研磨不同用途的面粉,例如硬红麦可以用来磨成高筋面粉,软白麦可以磨成低筋面粉。同一个品种的麦子在不同的季节种植,呈现的特性也不一样,硬红麦又可依季节区分为硬红春麦、硬红冬麦等,磨出来的面粉特性也不同。

不同的麦子磨出不同筋度的面粉,彼此可以混合,做成任意筋性的面粉,提供给不同的用途,例如高筋配低筋做成中筋面粉、蛋糕粉、法国面包粉等特殊用途的面粉。也有面粉厂商会加入

面筋的形成

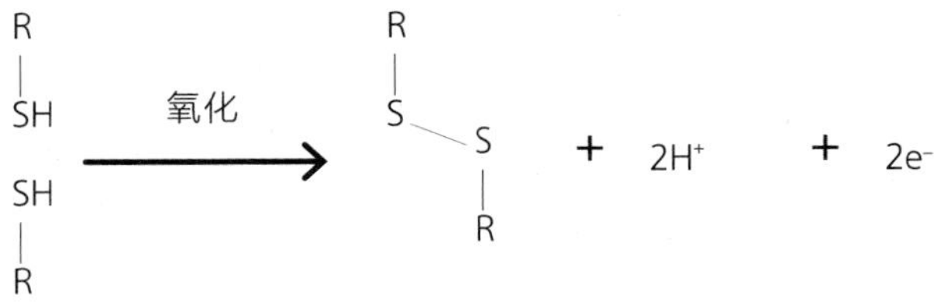

R
|
SH　　氧化　　→　　R—S—S—R　　+ $2H^+$　　+ $2e^-$
SH
|
R

面粉改良剂(flour treatment agent)调整面粉的特性，做成特定用途的专用粉，例如：拖鞋面包专用粉、法国面包专用粉等，这些添加剂合法，使操作更加容易。

我们习惯把面粉分成三种规格：高筋、中筋、低筋。但是在欧洲，面粉不是以筋度来区分，而是用灰分来标识。“灰分”是面粉加温到600℃以上所残余的物质(可以把它想成是面粉的舍利子，里面都是精华)。例如：德国的Type550就是含灰分0.55%的面粉，法国叫做T55。

但是这样还不够，例如说Type1050，我们会分不清楚是小麦1050，还是裸麦1050，所以我们用麦子的名称，加上不同的研磨特性来作为面粉的名称。约定成俗，如果单独说“Type1050”，没有特别声明麦种名称，指的就是小麦粉；如果说“裸麦1050”，指的就是灰分1050的裸麦粉。如果我们说“全麦粉”，指的是整粒研磨的小麦粉；如果是用其他的麦子整粒研磨的，我们就加上麦子的名称，例如裸麦全麦粉、斯佩尔特全麦粉……以此类推。

另外，现代麦子的研磨技术很进步，可以把麦子分离出数十种不同的组成物质，我们可以根据需求重新做不同的组合。例如同样是T55面粉，我们可以保留原有的组成物质，也可以去除一些淀粉、改变蛋白质和淀粉的比例；所以同样是T55面粉，我们发现有些T55标示为高筋面粉，这是因为淀粉被去除了一部分，蛋白质占面粉的比例提高，这种做法运用在很多不使用强筋剂的有机面粉中。

面粉的名称=麦子的名称+研磨特性(灰分编号)

欧洲面粉的分类方法很清楚易懂，不过也有例外，到了意大利就麻烦了，我想这和意大利人浪漫的个性有关。台湾有进口商进口意大利面粉，每次我都看得一个头两个大，例如意大利的Tipo 00指的是萃取率低于50%的面粉——所谓萃取率，简单讲就是100公斤的麦子只能做出多少公斤的面粉，萃取率越低，则面粉越精制。Tipo 00是意大利面粉中最精制、最柔软的面粉，比较接近我们的低筋面粉，或是蛋糕粉、粉心粉之类的；其他编号还有Tipo 0、Tipo 1、Tipo 2和Integrale，Tipo 0接近法国的T55，Tipo 1接近法国的T80，Tipo 2接近法国的T110，Tipo integral则属于全麦粉。

从营养成分的角度看，Tipo 00和Tipo 0完全没有麸质和胚芽，而Tipo 1有部分比例的麸质，Tipo 2属于萃取率较高的面粉，在意大利称为半全麦粉(semi integrale)，再来就是全麦粉(farina integrale，整粒小麦含胚芽和麸质加以研磨，所以需要冷藏)。

世界各国面粉编号

意大利面粉编号	德国面粉编号	法国面粉编号	美国面粉编号
Tipo 00	Type 405	T40	Pastry flour
Tipo 0	Type 550	T55	All pourpose flour
Tipo 1	Type 812	T80	High gluten flour
Tipo 2	Type 1050	T110	High extraction flour
Tipo integrale	Type 1600	T150	Whole wheat flour

判断面粉特性的方法

面粉的种类很多，生产的地方也不一样，各地的特色面包大都使用当地的特色面粉。例如在意大利很多面包都会搭配杜兰小麦，包括佛卡夏(focaccia)、披萨(pizza)、潘娜朵妮(panettone)等；但是到了德国、俄罗斯，大部分的面包会使用裸麦和斯佩尔特；到了美国基本上还是以小麦为主。现代交通运输发达，对于读者几乎什么样的面粉都可以买得到。要能灵活运用这些面粉，就必须学会判断面粉特性的方法。做面包不外乎三个原则：做对的面包，用对的粉，选对的制作过程。如何判别面粉的适用性，就必须仰赖许多较为精确的数据或法则。这些法则有些以数字表现，有些则以文字描述。

判断面粉质量的目的有二：

1．针对不同的面粉，了解其特性：例如使用裸麦粉和使用小麦粉制作面包的配方比例、水量、搅拌、发酵、整形等过程都不一样。

2．针对相同的面粉，如何区别其特性：例如不同厂牌的T55差别在哪里？

以下就针对如何判断面粉质量的方法说明。

1．颜色

颜色是判断面粉的一个基本方法，可以用来分辨不同编号或是编号一样但是不同批次的面粉。“批次”指的是采收运送的批次，例如美加小麦送过来，我们往往会标示船期，作为批次的代号。要清楚地分辨颜色，有一个简单的方法，把不同的面粉放在一片透明玻璃的下方，面粉有差异时，通过玻璃的折射分光可

从左至右：全麦粉、高筋面粉、斯佩尔特粉。

以很清楚地看出来。用这个办法也可以判断面粉的纯度，有没有混合其他不同的粉。但是这个方法只是一种基本的判断方式，不适用于混合粉、预拌粉或是含有人工添加物的面粉，这些调配过的面粉用目测很容易误判。

2. 手感组织

面粉的组织特性影响到面团的操作，例如面包用的粉，用手摸起来比较粗，揉成一团很容易散掉；蛋糕专用粉则手感比较细，揉成一团不容易散掉。同样的道理，低筋面粉也是比较容易成团。

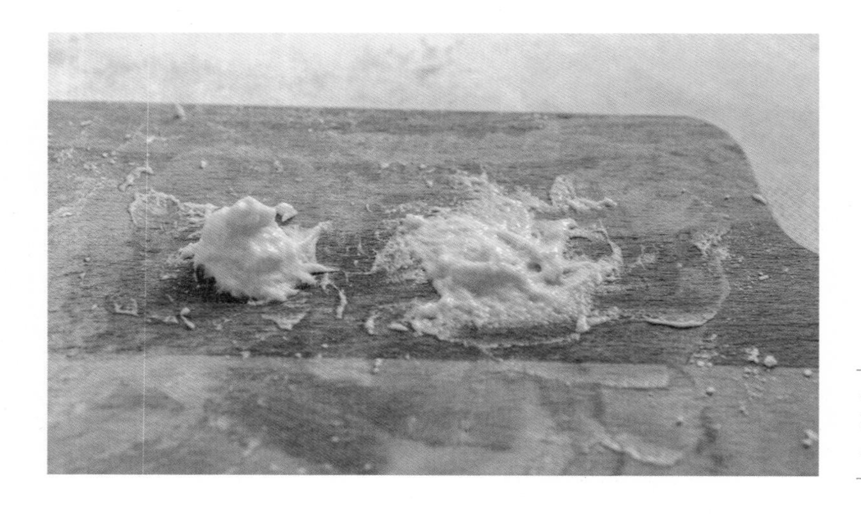

低筋面粉(左)比高筋面粉(右)容易成团

所以，我们比较两袋高筋面粉和低筋面粉，会发现低筋面粉那一袋比较容易结块，使用前必须过筛。

3.吸水率

面粉的吸水率是面粉搅拌成面团最多能吸收的水的重量和面粉重量的百分比，一般我们会希望吸水性越强越好。因为从成本的角度，水比面粉便宜，面粉吸水率越高，面包成本越低，一样的面粉可以制作产出更多的面包；同时，面包的保存期会更长，面包烤出来口感也不会太干。兼顾成本和质量是老板的最爱，所以面包师傅在寻找适用的面粉时，吸水率是很重要的指标。

影响面粉吸水率的主要因素有四：蛋白质含量，破损淀粉，非淀粉类多糖(主要是纤维素)以及面粉本身的湿度。其中蛋白质含量越高，吸水率越高，可以达到1：2的状态，也就是增加1%的蛋白质，会增加2%的吸水率。破损淀粉的吸水率可以达到完整淀粉粒的2到3倍，但是，在烤焙过程及出炉后常温保存时，破损淀粉都容易流失水分，造成面包干涩的口感，使保存期缩短。

因此，当我们购买到吸水力很强的面粉，我们需要仔细去了

拖鞋面团

解面粉研磨方式、有无其他添加物以及破损淀粉的含量。我们固然期待吸水率高的面粉，能使产出数量增加，符合经济效益，但我们更希望面包的质量好，并且保存时间较长。

搅拌面团时，加水量如果超过面粉的最大吸水量，则面团不容易搅拌成形，成糊状，很难操作。通常搅拌面团时，水比面粉的比例我们会设定在65%上下，这是一个很安全的值。而有些面包例如拖鞋(ciabatta)、哈斯提克(rustic)、法国长棍面包(baguette)等，我们会把水量提升到75%以上，当然这样面团的操作难度提高，但面包的质量会更好。

4. 蛋白质含量与面筋

就小麦粉而言，蛋白质的含量代表粉的筋度，因为是小麦蛋白中的麦谷蛋白(glutenin)和醇溶蛋白(gliadin)相互黏聚在一起形成面筋。蛋白质含量是小麦面粉非常重要的指标，小麦蛋白质质量占面粉总质量的比例在8%到13%之间，依台湾的标准，这个占比在8.5%以下的面粉称为低筋，8.5%以上的称为中筋，11.5%以上的称为高筋，特高筋面粉在12.6%到13.5%之间。我们一般在市场上买到的面粉，高筋大约在13%，中筋大约在10%，低筋在8.7%左右。进口的法国面包粉不一定是法国生产的。用来做法国长棍面包(baguette)的面粉，蛋白质含量大约落在10%到11%之间，日本、美加、法国不同产地的法国面包粉蛋白质含量都不太一样。

小麦蛋白里的麦谷蛋白和醇溶蛋白决定面筋的强度。有些麦种例如裸麦、斯佩尔特麦缺乏这些元素，就无法形成面筋(gluten free)。所以大部分的小麦面粉袋上都会标示蛋白质的含量，含量越高则筋度越强；但也有例外，就是面粉的蛋白质含量不高，但用人工添加物的方式，使筋性加强。

有些过敏体质的人会对麦子里特定的成分过敏，例如对于面筋蛋白过敏，那么就必须食用没有面筋的面粉，这样的面粉就是一般常常听到的无麸质面粉，例如斯佩尔特。但这是一个很难解的问题，因为没有面筋形成，就无法形成气孔与薄膜，就像房子没有钢筋和墙壁一样，很难支撑房子，面包会变得扁扁塌塌的，而且很紧实，操作也很困难，因为面团会变得很黏手。因此，使用百分之百的斯佩尔特面粉或是裸麦粉需要克服许多困难。

5. 湿度(moisture)

前面提到湿度和面粉的保存时间有关，面粉湿度越高越不容易保存，尤其是全麦粉，很容易长虫，因此制造厂商会把需要长距离配送的面粉降低湿度。当地生产的新鲜的面粉配送距离短，含水量可以较高。前者湿度在13%左右，当地新鲜面粉的有时会高达15%左右，高于16%则面粉的保存期会缩短。如果使用新鲜当地面粉，湿度是15%，那么因为它比一般面粉多了2%，制作面包时的用水量就要相应地减少面粉总重的2%。

6. 灰分

面粉在600℃以上高温燃烧后剩余的灰分，主要的成分包括硫酸盐、磷酸盐，钙、钾的氧化物，灰分的不同说明小麦的产地不同，含有的矿物质不同，风味与营养也不同。灰分越低越接近白面粉。例如常见的"T45""T55""T65"表示面粉的灰分含量分别在0.45%、0.55%、0.65%，在德国对应的编号则是Type 450、Type 550、Type 650；至于全麦粉，灰分值大约在1.7%到1.8%，如果用德国的编号是Type 1700、Type 1800，但是全麦粉一般比较少用这些编号，大部分直接叫做全麦粉或是全粒粉。灰分越低的面粉越精致，萃取率也越低。

7. 沉降值(falling number)

沉降值说明面粉里的淀粉酶的数量多寡，这是在一个特别的仪器里做试验得出的数值。不同的面粉在搅拌糊化之后，里面的淀粉酶开始运作，淀粉酶越多，淀粉被裂解成单糖的速度越快，面糊的黏稠度越低，这个仪器的搅拌器(plunger)落到底部所需要的时间就越短，一般在55秒到400秒之间，我们就把这个时间称为沉降值，例如掉落的时间是240秒，我们就说这个面粉的沉降值是240。时间越短，代表淀粉酶的活性越大，能迅速把淀粉裂解成更多的单糖，供应发酵时酵母所需，面团的发酵速度也就越快。一般制作面包的面粉沉降值在220到280之间是正常的，沉降值太大代表淀粉酶活性太弱，低于200则代表淀粉酶活性太强，面团发酵膨胀状况都会较差。很多面粉出厂时会添加淀粉酶和维生素C，前者可以用来校正沉降值，后者可以用来调节氧化的程度。

8.法林诺图(fairinograph)

法林诺图是面粉测试中最普遍使用的图表，测试时使用一种设备，包含一个搅拌室(small mixing chamber)和两支搅拌臂(mixing arms)，将面团搅拌的过程制作成图，纵轴是黏稠度，横轴是时间。主要意义有二，其一可以判断面团在搅拌中黏稠度达到最高所需要的时间，时间短则说明面团用很短的时间就能完全把水吸收进去；其二是可以判断搅拌多久时间会过头、使

简易沉降值测试

黏稠度下降，这个时间越长说明面粉越稳定，时间太短代表面粉很容易不小心就打过头了。

9.破损淀粉(damage starch)

产生破损淀粉主要的因素有二，其一是麦子的品种，另一是研磨的过程。破损淀粉使面粉的吸水率升高，可以达2到4倍，同时加速 α 淀粉酶的裂解速度，造成沉降值变小，面团变得没有力气，失去烘焙弹性，面包下塌卖相不好。破损比率可以接受的范围，冬麦大约在6%到9%，春麦在7%到10%。结论是：破损淀粉最佳比例在4.5%到8%之间；过高的破损淀粉比率，会使吸水量升高及面团的张力降低和延展性变大，面包会扁扁的。

10. 泡泡图(alveograph)

泡泡图是1920年法国肖邦(Chopin)所提出来的面粉测试技术，目前已经在欧洲、美国、中东以及南美洲广泛地被运用，当初的设计是为了比较欧洲的硬白麦和美洲硬红麦之间的差异，因为欧洲的面粉相对柔软、低蛋白质。沉降值是针对淀粉酵素(amylase，淀粉酶)的测量，而泡泡图是针对蛋白质含量设计的。泡泡图就是把面粉加水搅拌以后，吹起让它膨胀，像吹气球一样，然后记录从开始到吹爆的整个过程中，随时间变化的力。

下图中，横轴表示时间，纵轴表示力，图中：

P——代表泡泡吹到断裂所需要的最大力量；

L——代表泡泡吹到断裂所需要的时间；

曲线下的面积——代表吹泡泡期间所做的功。

如果P值和L值都很高，代表弹力强，且延展性好，适合做面包；

P值低L值高，代表面筋容易断裂，但是整体延展性好，适合做司康(scone)等饼类；

P值低L值也低，代表面筋容易断裂，整体延展性也差。

泡泡图

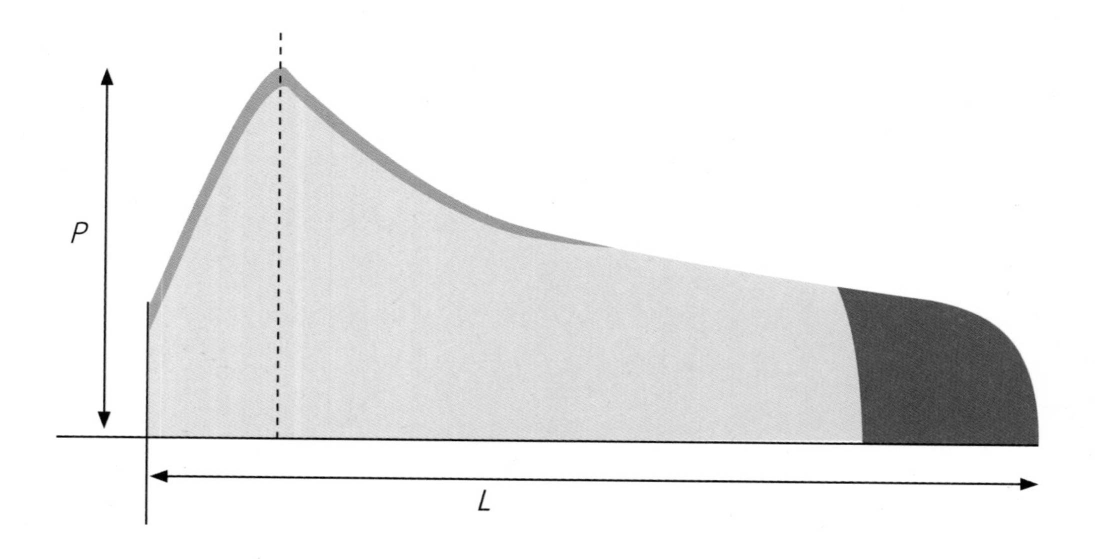

面粉添加物

工业化大量生产面包增加了物流和仓储的成本，同时增加行销、管理的费用，因此，生产者一方面通过各种手段提升营业额，另一方面要严格控制生产成本和耗损。为了提升营业额，可能对店面的陈设、灯光、招牌等形象投入大量的装修费用，还有公关营销文宣交际等费用。如果装潢费用是180万元新台币(编者注：约39万元人民币)，3年内分摊完，每个月必须摊提5万元(编者注：约1.1万元人民币)折旧费用，这些都必须分摊到每一个面包的间接费用里。每天如果销售500个面包，每个面包需分摊3元多(编者注：约0.7元人民币)的成本，因此不容许直接材料以及人工成本过高，也不容许库存损失太多。

卖得多、卖得快、耗损少、配送远是面包店企业化很重要的诉求。

为了改善产品卖相、产品操作性、产品稳定性，让产品容易保存，降低产品成本，简化产品制程，可以长途配送，各种不同目的的面粉添加物(flour treatment agent)或称为改良剂(improver)应运而生，并且在各方的运作下成为制作面包合法的添加物。

1．氧化剂(oxidizing agent)

氧化主要的功能是协助形成面筋结构较强的面团，使面包更有弹性。在面粉中，维生素C(又称为AA:ascorbic acid，抗坏血酸)常被用在面粉里作为氧化剂，尤其在冷冻面团中扮演重要的角色。

2．还原剂(reduction agent)

利用破坏面筋分子间的桥接网状结构，让面团变得柔软，缩短搅拌时间、降低面团弹性、减少发酵时间、增进面团的操作性，特别是使用于糕饼类的面团，有还原剂的面团比较容易操作。

3．漂白剂(bleaching agent)

刚研磨出来的面粉会有一些微黄，漂白剂可以使面粉看起来白一些，卖相更好。

4．触酶(enzymes)

触酶(酵素)在天然的面粉中已经存在，额外的添加可以使酶的作用更加快速与完整，例如：添加淀粉酵素可以把淀粉分解成单糖，让酵母获得更多养分、发酵速度加快。古代没有工业酵素，人们利用刚发芽的谷物，捣碎后低温烘干，混合到面团里面，这很合乎现代科技，因为此时酵素最多。

5．乳化剂(emulsifiers)

油水混合时会产生分层的现象，但乳和水则可以“水乳交融”，所以“乳化”就是通过添加物使油水可以结合，产生稳定均匀分布的状态。

面粉本身的结构、研磨过程、保存方式都可能造成一些问题，影响到最后制成面包的品质，造成损失。添加物的设计通常是为了改善这些缺点。欧盟把食品添加物整理编号并且公布，这就是E-Number。

- E100—E199(colours色素)
- E200—E299(preservatives保存)
- E300—E399(antioxidants，acidity regulators抗氧化，酸度调节剂)

- E400—E499（thickeners，stabilizers，emulsifiers增厚、稳定、乳化）
- E500—E599（acidity regulators，anti-caking agents 酸度调节剂、抗冻剂）
- E600—E699（flavour enhancers风味剂）
- E700—E799（antibiotics抗菌剂）
- E900—E999（glazing agents and sweeteners光泽剂和增甜剂）
- E1000—E1599（additional chemicals其他化学添加物）

添加物一直是很受争议的话题，却因为具备法源基础所以被合法使用，有些面包师傅希望能避免使用人工添加物，但是现实中很难避免，购买来的面粉、馅料里或许都已经有了人工添加物。而与其一味排斥添加物，不如去了解添加物的功能和原理。回头思考如何运用传统古老的技术达到相同的目标，充分了解之后也许对于制作面包更有帮助。

例如，我们来看看为什么面粉里会需要添加氧化剂。如第59页的化学式所示，氧化反应在面团里夺走氢硫键中的共价电子，使氢硫键断裂，当断裂后的两个氢硫键相遇，两个硫原子就会互相结合起来，而氢硫键存在于蛋白质上，于是庞大的蛋白质就在内部和外部形成双硫键，让分子和分子链结在一起，就形成了面筋。发酵产生的二氧化碳被包在面筋形成的膜里无法溢出，受热后膨胀，让面团形成气孔组织；当蛋白质和淀粉被加热固化之后，面包内的孔洞组织就形成了。氧化剂就是用来协助面团加速形成强而有力的面筋，使面包具有良好的弹性。

如拖鞋面包，外形好看，吃起来不黏牙，内部气体膨胀撑开面团形成的薄膜光亮细薄。我在制作它的时候并没有使用氧化剂，但是表皮和内部气泡组织都很柔软，用力往下按，会自然弹

起，这是因为我使用低温长时间自然发酵的方法来制作。但是这种方法的操作难度比较高，如果没有专业师傅带着你一步步制作，并不容易，因此很多人会选择使用氧化剂，便可以协助加速完成氧化作用让面筋形成，从而量化生产面包。

很明显地，形成双硫键的一个很重要的因素是让带有硫根的两边有机会相遇。如果我们增加它们相遇的机会，不就不需要使用添加物了吗？让双硫键有机会接触的最好方式就是把3维结构的“庞然大物”的蛋白质，切割成比较小的单位，再通过搅拌和翻面，两边的硫根接触的机会自然大幅提升。谁来切割蛋白质呢？当然是蛋白酶了（编者注：天然淀粉中含有来自于小麦细胞的蛋白酶，酵母也产生蛋白酶），我们在搅拌的过程中，如果可以稍微停一下，等候蛋白酶进行切割的动作，我们再进行搅拌，双硫键形成的机会自然会增加。但是等候以及搅拌的时间越久，面团的温度越高，会造成许多原本不溶解的蛋白质分子因为温度升高而糊化；也因为温度升高，乳酸菌和醋酸菌活化，让面团pH值下降、酸度增加，造成面团特性的改变。到这里我们就可以了解到添加氧化剂的主要目的在于加快面筋的形成。

氧化剂的意义在此，如果我们可以不依赖氧化剂也能氧化，又不会大量升温，那么解决方案就出来了。我们可以采用这个思路，找到一个不需要添加物的方法：低温搅拌，低温长时间自然发酵，增加翻面次数。低温搅拌排除了蛋白质溶解的问题。一般加了氧化剂搅拌，离缸温度会在25℃以上。不加氧化剂时，我们可以在搅拌前先放入足够的冰块，再慢速搅拌，减缓温度的上升，同时加入柠檬汁，把离缸温度控制在22℃以下；搅拌时，停顿15分钟以上再继续搅拌，让蛋白酶有足够的时间切割蛋白质；发酵温度控制在25℃以下，避免乳酸菌、醋酸菌过分运作；搅拌后多做几次拉和折的翻面动作，自然增加双硫键形成的几率。

采用低温长时间自然发酵方式，可以得到质量更高的产品，更接近自然，但是工序复杂繁琐，对师傅的要求更是从“精准”提升到“态度”。制作面包的过程，面包师傅的态度决定了一切。培养一位面包职人，路程遥远，因此在安全的范围内，氧化剂可以适时协助面包业者解决面团的问题，并降低对师傅的依赖性。从这个角度看，没有必要把氧化剂看成罪大恶极的邪门歪道。在量化生产的过程，工序需要标准化，氧化剂解决了有关问题，目前市面上用于面粉里的氧化剂主要以合于食安的抗坏血酸(维生素C)为主，并没有什么太大的争议。

对于人工添加物，我的态度比较倾向于去了解它，去思考面团没有它如何做得更好、更天然，而不是排斥它。有那么多学者专家以及专业生产添加物的厂商，用严谨的态度生产这些东西，必然有他们的道理和市场的需求。以这些大厂的人力资源和设备对于食安问题进行考虑，也必然比一个面包店更具有实力。我个人选择不使用人工添加物但不排斥人工添加物，并且深入学习它的优点，了解它存在的原因，同时回头检视自己的面团，思考如何在不使用添加物的前提下，也可以达到相同的效果。

盐是个重要角色

盐的成分主要是由钠正离子Na^+和氯负离子Cl^-组成的NaCl，是晶体结构。当盐遇到水的时候，就分解成正负两种离子，这可以协助面团氧化，从而可以帮助面粉里的蛋白质紧密地结合在一起，从而加强面筋结构。打面团的时候如果忘记放盐，面团就会比较黏手，加入盐之后面团的结构更强，弹性更好。

盐会减缓发酵的速度，因为盐会阻碍水进入酵母，导致酵母产生脱水现象，同时，盐也会阻扰酵母取得糖，在水和糖都受到阻碍的时候，酵母数量减少，发酵的速度也跟着减缓。所以搅拌的时候，一般会在面团成形之后才把盐加进去，这就是我们常听到的“后盐法”。因为当面团搅拌成团的时候，分子的流动性降低，此时才放入盐，避免盐先溶解在水里面影响酵母的活动。

面团盐量的标准，一般取面粉重量的2%。不同产地的盐，氯化钠含量不尽相同，从89%到99%都有，差异可以达到10%，所以面包师傅需要自行调整配方。另外，现代强调低糖低油低盐，认为比较健康，这是因为现代人每天的活动量大幅减少，以前出门就是步行，现在出门就是搭乘交通工具，夏天吹冷气少流汗……所以对盐分的需求降低。在这样的观点之下，制作面包的盐量也逐渐下修到1.6%至1.8%。

结论：

1. 盐可以增强面团的结构与弹性。

2. 后盐法：搅拌面团的时候，盐后放，避免抑制酵母活力。

3. 盐量的标准在1.6%到2%。

面包师傅计算配方比例的方法

烘焙师傅计算配方时，是以所有面粉的总重量为1个单位——100%。例如下面的“烘焙比例表”中，基本配方里面粉有500克，我们就在烘焙比例里将其设定为100%，那么其他成分的烘焙比例如下。

水330克的烘焙比例=330/500×100%=66.00%

盐10克的烘焙比例=10/500×100%=2.00%

酵母1克的烘焙比例=1/500×100%=0.20%

烘焙比例合计值=100%+66.00%+2.00%+0.20%=168.20%

在实际生产中，我们可以从计划生产的面包量逆推出材料量。例如，要生产50个每个80克的餐包，我们总共需要80×50=4000克的面团。首先计算面粉的需求量：面粉的需求量=4000/1.6820=2378克。面粉量计算出来之后就方便了，水量=2378×66%=1570克，盐量=2378×2%=47.56克(约抓48克)，酵母量=2378×0.2%=4.756克(约抓5克)，微量误差可以忽略。

烘焙比例表

材料名称	基本配方	烘焙比例	生产50个每个80克
面粉	500.00	100.00%	2378
水	330.00	66.00%	1570
盐	10.00	2.00%	48
酵母	1.00	0.20%	5
合计	841.00	168.20%	约4000

单位：克

从这个配方可以清楚地看到每一个材料和面粉的比例，并且可以计算出我们生产80个面包所需要的材料数量。

但是当我们使用老面替代商业酵母，例如使用粉水比例为1：1的液种（老面）替代商业酵母，用量为烘焙比例30%，那么：

老面量=500×30%=150克，

老面里水和粉各一半，所以水量和粉量都是75克。

面粉量修改后=500-75=425克，

水量修改后=330-75=255克。

那么现在就必须以425克的粉为100%，各烘焙比例就发生了以下的变化：

水量的烘焙比例变成255/425×100%=60.00%，

盐量的烘焙比例变为10/425×100%=2.35%，

老面的烘焙比例变为150/425×100%=35.29%，

合计197.64%。

事实上，总粉量、水量和盐量都没有改变，但是烘焙比例变了，所以会有盐量偏高的错觉。

如何将商业酵母配方改为老面配方

材料名称	商业酵母配方	烘焙比例	30%老面配方	30%老面烘培比例
面粉	500	100.00%	425	100%
水	330	66.00%	255	60.00%
盐	10	2.00%	10	2.35%
酵母	1	0.20%		
粉水比例1：1老面			150	35.29%
合计	841	168.20%	840	197.65%

单位：克

各国的特色面包

土耳其的面包

谈到世界各国的特色面包，第一个要谈到的是土耳其面包。土耳其是一个文化悠久的国度，拥有悠久的历史、奥斯曼帝国的风光，位于丝路的终点、东西方的交界。这个族群多元的兵家必

争之地，既接受东方的米食又发展出西方的面包。1096年到1291年，十字军东征这场战役前后长达200年，战争期间来自欧洲的天主教徒会在面包上面画上十字，作为宗教祈福的印记。

于是聪明的伊斯兰教国家这一边也发展出一种面包，流传至今，即土耳其人早餐少不了的土耳其环状面包(simit)，看看它

右　土耳其环状面包
左　土耳其面饼(lavash)，可以用来包卷肉和蔬菜，和润饼(也称春卷)皮有些类似
下　土耳其披萨

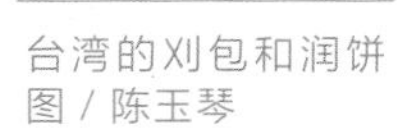

台湾的刈包和润饼
图 / 陈玉琴

的形状，就可以了解到这一段历史情仇。这面包中间是空的，外头是卷的，你要画在哪里呢？很有趣的土耳其式幽默！只是没想到这玩意儿改一改后来变成了贝果，营销全世界，商机很大！

土耳其饼，后来延伸出很多种各国的口袋饼。

土耳其人对于他们的面包很骄傲，他们认为西方很多面包其实是在土耳其系列的面包里找到灵感，例如：土耳其有披萨(pide)，土耳其人常说意大利人的披萨(pizza)是从土耳其流传过去的。

意大利的面包

到了意大利，面包变得特别浪漫。十五世纪意大利米兰的贵族费尔柯纳(Falconer Ughetto Atellan)爱上了面包师傅东尼(Toni)的女儿安达姬萨(Adalgisa)，骗说自己爱做面包，混到他们家去当学徒。他把面粉、老面、葡萄干、蜜渍柠檬和橘皮丁混在一起乱打一通，他不会滚圆整形，把一坨面团就丢到圆柱形的模具里，放进烤箱烤。结果这个面包大卖，大家也不知道这个面包叫什么名称，只流传Toni家有一种非常好吃的面包(pan de Toni)，流传至今叫做潘娜朵妮(panettone)，意思就是“Toni家

飞龙(filone)面包

的面包”。

故事结局很圆满，米兰公爵卢多维科(Ludovico il Moro Sforza，1452—1508)被他们的爱情感动，特别允许他们的贵族和平民婚姻，达·芬奇(Leonardo da Vinci)也列席参加婚礼，后来潘娜朵妮面包成为米兰地区的特产，每年圣诞节的时候行销全世界。从历史的角度看来，面包不需要花样太多，只要是好产品，可以行销数百年。

意大利有名的面包很多，流行全世界的还有一个“拖鞋面包”(ciabatta)。拖鞋面包在1976年由维洛娜地区的面包师傅法瓦戎(Favaron Francesco)制作出来，因为做出来的形状是长方形，他联想到他美丽的妻子安德莉纳(Andreina)的鞋子，所以命名为ciabatta，翻译成中/英文就是拖鞋/slipper。

意大利的飞龙面包(filone)也是脍炙人口，filone意思是“直线”，这是意大利很普遍的面包，意大利人会说法国的长棍面包(baguette)是从他们的飞龙面包得到灵感的。

法国长棍面包

中国的蒸汽面包——馒头

古埃及文明比华夏文明早了一千年左右；谁传承谁，谁是谁的血统来源，以民族发展史的角度看这个问题比较复杂，谁都不愿意承认自己的祖先来自另外一个不相干的国度；这个讨论会有点头疼，但交互影响是必然的。春秋战国时期文献把民生粮食归纳成五个重要农产品“稻黍稷麦菽”，麦子已经在列；早在夏朝已经传说杜康酿酒，后来曹操引用这个典故写下“何以解忧，唯有杜康”的诗句，代表夏朝的先民已经掌握发酵的技术。不同的是，中东和西方利用这门技术发展烤制的面包，东方则发展被称为蒸汽面包的馒头、包子。

让我们来回溯麦子如何到东方，因为面粉由麦子磨出，只要循着麦子的移动路线，就可以发现每个区域面包的起源。目前已经确认小麦是由新月沃土*南方的埃及开始，然后一路往北边移动，经由迦南平原、两河流域传入欧洲；另外一路则翻越喜马拉雅山进入东方的中国北方，然后往东进入北边的韩国、日本，往南跨越黄河、长江达到中国大陆南方，最后抵达台湾。西方人把馒头称为蒸汽面包(steaming bread)，归类为面包的一种。西方与东方的面包发酵原理一样，不同在于加热，西方用烤炉，我们用蒸笼。

在中国流传有馒头的故事，是在公元225年时，诸葛亮率军南渡征讨孟获。大军在渡江之前，风雨大作，当地的人说必须用人头祭祀河神。诸葛亮不愿意用人命来祭祀，所以命令厨师用白面裹肉蒸熟，代替人头投入江中。诸葛亮把它取名“瞒头”，意思是欺骗河神的假头。另一说，命名为“蛮头”，指的是蛮人的头，后来才叫做馒头，这个产品前后流传了1900年，到现在街头巷尾还买得到。馒头系列的产品很多，从西安的馍馍到山东的杠子头都是这一类的面包，还衍生出包子系列的产品。

台南新营希味工坊的馒头——蒸汽面包

编者注：*新月沃土是西亚、北非地区两河流域及附近一连串肥沃的土地，在地图上好像一弯新月

法国的面包

来到法国，少不了要谈到法国长棍面包(baguette)。这款面包历史不久，大约追溯到1920年代，才有文献记载。法国拥有包容力很强的文化，它的面包更是受到周边几个古老文明的影响。baguette这个名称源自于意大利文bacchetta(魔杖)，所以有时候我们会把法国长棍面包叫做“法国魔杖面包”，长条形的形状则受到飞龙面包的启发。这些年来大都是用接近白面粉的T55或T65来制造，有些工艺面包师会在里头加入裸麦、杜兰麦或是斯佩尔特小麦。

在法国还有一款闻名全世界的米琪(miche)面包，名店普瓦兰就以生产这款面包闻名。miche就是大的圆面包(a large round loaf)，属于一般乡下家庭的面包，又称为“乡村面包”(pain de campagne)。

德国和俄罗斯的黑麦面包

到了德国和俄罗斯，因为当地盛产裸麦，裸麦又叫作黑麦，所以黑麦面包大为流行。例如德国的pumpernikel，这是很传统的面包，在德国非常普遍，处处买得到；1813年拿破仑占领德国的时候，就有人拿这款面包给他，正好拿破仑的爱马名字就叫作Nikel，看来拿破仑不是很欣赏这款黑麦面包，因为他故意把pumpernikel念成C'est du pain pour Nickel(给我的马Nikel吃的面包)，标准的瑜亮情结。

犹太人的面包

犹太人在星期五太阳下山以后和假日，餐桌上必备的面包是辫子面包(challah)，名称来自圣经出埃及记，形状是交叉的辫子，所以有时候会叫它“犹太辫子面包”。鹰嘴豆泥常用来搭配这款面包，按照圣经上的记载，这款面包那时候是蘸蜂蜜吃的。

制作辫子面包的主要材料是“蛋”“糖”“白面粉”“盐”“水”。有时候糖会改用蜂蜜或糖蜜（molasses）。辫子的形状象征犹太人团结的个性，这款面包在教堂里经常放在银器上，属于宗教仪式的一部分。

黑龙江省的特色面包大列巴

黑面包从俄罗斯传到中国东北的黑龙江省，就叫作“列巴”，列巴这两个字源自于俄文的 х л е б，是音译的。以哈尔滨的秋林公司生产的“大列巴”最有名。

日式面包

日本关于面包的记载可以追溯到十七世纪安土桃山时代；当时葡萄牙人把面包带到日本，而葡萄牙文的面包叫作pan，日本人按照发音把面包叫做パン。台湾早期的面包主要都是受到日本影响，所以也跟着把面包叫做“胖”。

日本面包虽然源自于欧洲，但是多年来已经融入日本的特色，形成独特的系统；特别在加料面包(enrich bread)这个领域，红豆、肉松、葱花……可以加的都加进去，成了货真价实的“胖面包”。而台湾早期受到日本的影响很大，发展出的面包产业大都以日系面包为主，直到近几年才跨越日本、引进欧式面包，并且整合日系面包的特色，发展出软式的欧洲面包。随着食安风暴，越来越多的面包师傅，跨越时空追寻更古老的老面技术，回归到原始简单自然而丰富的传统面包制作方式。这一块领域，随着消费者的觉醒，市场正逐渐扩大，投入的面包师傅也越来越多。但是，在台湾，根深蒂固的日式面包仍然是主流产品，并且被定位为早餐、宵夜或是填饱肚子的点心，至今还上不了午、晚餐的餐桌。

面包不是东方人的主食，因此面包进入东方先由早餐和点心开始，发展出一系列的包馅面包，成为东方面包的特色。面包原本很单纯，充满简单而丰富的麦香，后来加上了奶油、馅料，

逐渐与古老的风味不同，取而代之的是流行文化。也许阳春白雪和下里巴人的情结千古以来都存在，只是在不同的时空、不同的情境下说相同的故事。

工艺面包师和社区面包店

水、盐、面粉、老面，单纯的四个元素，简单而又有丰富内涵。越来越多的面包师傅回头寻找古老的麦香，把祖先的面团融入现代的生活中，完全不用添加物，只接受商业酵母；有些更前卫的师傅甚至完全排除商业酵母，这群人都不是台面上的主流，但是他们默默地耕耘，传承面包职人的精神。我们把这一类的面包师傅称为工艺面包师(artisan baker)，他们所做的面包被称为工艺面包(artisan bread)。

来自工艺面包师傅的面包，只有水、盐、面粉、老面四个单纯的元素，每当产品出炉的时候，空气中飘荡着浓浓的麦香，常令我陶醉不已。常有人问我是什么动力让我十年来在烤箱边上，日复一日地度过。我说："每天看到圆滚滚的面团变成简单而丰富的面包，再怎么辛苦都无怨无悔。每个晚上都对第二天充满了期待，我希望我离开人间的最后一天是手握着出炉铲，在麦香中平和地离开，然后在另外一个世界还是继续担任面包师。"

为什么单纯的四个元素能产生出那么丰厚的世界呢？麦子种类很多，磨成面粉以后品种更多，看编号就眼花缭乱了。水有各种不同的硬度，每个海域的盐风味都不同，最后，老面的背后是自然界中的酵母菌，个个有不同的产气量(酵母发酵产生二氧化碳和酒精等物质)和风味。这四个元素光排列组合就可以玩一辈子了，还不包括形状、气孔和表皮组织。如果再算糖、橄榄油、奶油、内馅材料，估计三辈子的时间都玩不完。

然而工业化量产的面包逐渐占据市场，厂家以大量的资金投入装潢、设备、人力，寻找市场策略，使消费者趋之若鹜。多年前世界各地的工艺面包师傅就都面临了同样的问题：工艺面包的市场需求逐渐衰退，消费者在大量广告文宣的夹攻下，可能失

去自己的判断力。工艺面包师傅无法达到最小经济规模就很难生存，大都舍弃大众市场，走向小众市场的营运模式。

还有更极端的精致路线，面包师傅用最自然健康的原物料和制程，区隔工业化的市场。但这一条路很辛苦。为了避开面粉被添加人工添加物，有些工艺面包师选择自己磨制面粉；为了缩短碳足迹，选择当地农产品。不使用添加物制作面包，工序复杂，每一个环节都必须谨慎小心。因此他们很难找到理念相同的工作伙伴，大都亲力亲为，从生产到营销，一手包办；加上这群坚持的工艺面包师又不愿意在材料和制程上降低成本，因此大都离开都会区，选择成本较为低廉的郊区，仰赖一个社群支持他们的存在，形成特定社群支持的社区面包店(community supported bakery，CSB)。

社区面包店把农民、面包店和消费者直接联结，从产地到餐桌的碳足迹距离最短，唐·格拉根据面包店的需求，结合当地农民和磨麦工厂，直接把当地的麦子制作成面粉，在美国农业部的支持下，各地纷纷成立小农市集，并通过法案使唐·格拉在学校和小农市集可以合法销售他以当地食材制作的面包。

工艺面包店可以生存下来有三个重要的因素。第一是他们对面包的坚持，回归到古老的麦香，用最自然的食材与方法制作面包。其次是他们乐于分享，和客群分享他们的材料、制作过程和怀抱的理想，也和其他工艺面包师共同分享交流，精进技术。第三是融入当地农业经济，寻找认真的当地农友，取得自然栽种的健康食材。

这些年全世界各地不断爆发食安风暴，消费者逐渐觉醒，工艺面包越来越被消费者认同，支持工艺面包师的社群渐渐壮大，形成一股新的力量。通过工艺面包师“面包”“分享”“当地农业”三个元素的努力，产生了社群支持面包店，以实体社区或是网络社群，支持一家CSB社区面包店的存在。美国亚利桑那州著名社区面包店Barrio Bread，就是由面包师傅唐·格拉设立，他曾经和亚利桑那州立大学教授马修·马尔斯(Dr.Mathew Mars)在2015年8月来台，把CSB社区面包店的理念介绍给台湾烘焙界的朋友，正是所谓的面包无界(Bread without Borders)。

窑烤面包

古代没有电烤箱，制作面包必须先建造一座面包窑。用黏土塑造的称为土窑，用砖头建造的称为砖窑，用石头堆砌的称为石窑，然而绝大部分的窑都是燃烧木头生火，所以一般通称为柴烧窑。如果以建造的形式来区分，柴烧窑可以分为白窑和黑窑两种。

黑窑是在窑腔生火。温度达到时，将余烬从窑腔后部预留

新加坡工艺面包师
William

的孔洞推出，掉落在窑腔下面的盒子里，这个动作叫做退炭。烟囱设计在窑门前侧，而热气会从位置低的地方往高的地方走，因此，热流通过窑腔，整个热交换距离是窑腔深度的两倍。因为是在窑腔生火，腔内有灰烬，所以称为黑窑。

白窑的设计是炭火在窑腔的下方燃烧，火舌通过窑腔底部靠近炉门的孔洞蹿上来，使窑腔升温，烟囱在窑腔的后方，整个热交换距离等于窑的深度。因为没有直接在窑腔内烧火，所以窑内是干净的没有煤灰，所以称为白窑。

柴烧窑烤出来的面包风味绝佳，保留了些微炭火烟熏的味道，同时炉温均匀，可以烤出很完美的面包。这是电窑很难做到的，也是每一位工艺面包师傅都想要拥有一座柴烧窑的原因。

页岩气(shale gas)革命带来的冲击

页岩气革命，起因于采矿技术的提升。页岩气并非像传统的石油一样，钻孔就可以自然喷出，而且它的矿藏较深，必须靠高压的方式把油气由较深的页岩层中释出。目前这方面的技术已经突破，并大量采用。页岩气的出现造成传统燃料市场发生巨大的变化，在美国，生质油的市场开始消退。生质油主要来自于用玉米淀粉发酵产生的酒精，用来添加在石油之中。生质油需求量下降后，栽种玉米的农田面积大量减少，农田不断释出，可以回归到以往小农多元化产品主导的市场经济模式。

区域性的农产品可以支持当地烘焙，做出当地的特色产品。小农经济和大规模经济最大的差异点在于保存期限和配送距离。小农主导的市场主要采用当地食材生产，单一小农只需要与几家面包店契约耕作，不需要大量库存空间，并使用人工添加物来延长保存时间、长途配送。例如：大量生产的美洲小麦运到亚洲

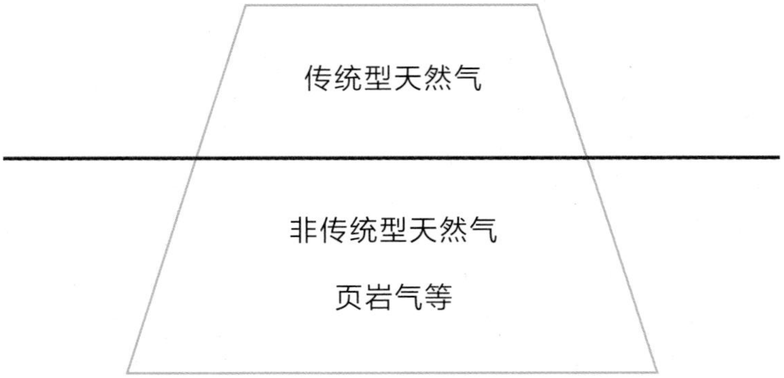

传统型天然气

非传统型天然气

页岩气等

国家，下船后磨成面粉，分装配送到经销商，最后到达消费者手中，可能需要半年以上的时间。厂商考虑到这段漫长的距离中，生物、物理、化学等方面可能发生的变化，因而必须借助于现代科技，做适当的处理。小农经济没有这些问题，产地到餐桌的距离和时间都很短，因此不需要额外的处理动作或添加物，所以可以回归到古老的生产技术，健康、自然、丰富。

在这一波页岩气革命的过程中，社区面包店跨越层层的经销体系，直接向小农购买谷物做成面包，送达消费者的餐桌。

食育
(food & nutrition education)

孩童成长过程中，很自然接受这些大量人工添加物的产品，味觉被添加物强烈的芳香气味给模糊掉了，就像温润的天然香草淡而优雅的风味被香草精替代了，孩子吃到真正的香草，反而觉得淡然无味。

我目前能想到的解决方案是请政府站在善意第三方的角度，积极辅导传统业者，并给予相关的协助以保留古老的技术，同时推行食育。

食育源起于法国，针对食物的天然风味和营养，从孩童时期就教育小孩，让他们了解天然食物的味道和人工添加物的差别，回归到自然。日本也相当重视食育的问题，称为shokuiku，从中央到地方都铺天盖地地倡导进行。

食育必须由政府和民间双方联手努力才有成功的可能，因为唯有在食育推行单位存在的合理性不被质疑时，推行的效益才能呈现。

工艺面包师们的留言

As a Community Supported Baker, I benefit from and provide collaboration with the local grain network,which includes scientists,farmers,millers and other food producers.My passion for education about healthy food and the baking process is applied to presentations,classes and training of other bakers.Additionally,I am able to bake for a group of customers who know and support my work and dedication to bringing them the best and most nutritious bread.

一个地区性的农作谷物网络包括科学家、农民、磨坊工人及其他食品生产者。作为社区支援的面包师，我受益于本区的农作谷物网络，我也提供密切的合作。我对健康食品和烘焙教育的热爱也应用到食品的展现艺术和烘焙训练课程上。此外，我可以为一群了解并支持我的付出的客户烘焙，带给他们最好的、最有营养的面包。

——Don Guerra(唐 · 格拉)

2 做面包

起种（starter）的制作

所有工艺面包师傅共同追求的方向，就是如何结合现代科技的优势、遵循古老传统制作面包的工序，做出健康自然的面包。在“做面包”这个章节，我将逐步介绍制作面包的材料与方法，这些都是靠着先民们累积几万年、一步步地摸索，才演变成一整套系统化的科学。

面包成为工业化的产品之后，为了延长保存期、在短时间内可以大量复制、减少工序步骤、降低人力成本和材料成本，大量的人工添加物就出现在面包里、被我们吃进肚子；传统制作的工法逐渐式微，直到一次又一次的食安风暴，我们才开始省思是否要回归传统。同样地，这个现象也出现在各式各样食物的领域，像是酱油、腌渍黄瓜、豆腐乳、馒头、酸菜等甚至酿酒，全都面临挑战。

先民们的实验室是大自然，如果我们将先民们实验几万年的智慧成果弃置不顾，相当可惜。于是，我想起《庄子》这本书里的一则寓言，故事说地球上有东、西、南、北、中五个神仙，中神仙是一块大石头，东西南北四位神仙觉得中神仙没有眼睛、鼻子、嘴巴、耳朵很可怜，于是他们带了各种高科技的工具帮中神仙凿出七窍，而故事的结局是中神仙“七孔流血而亡”。科技带来的成果有时候和我们的期望正好相反，就像很多长期在无尘室、无菌室里工作的人，反而成了令人担心的一群；不过，如果我们完全排斥现代科技，也会失去许多可以采纳的新技术，所以如何整合现代科技和古老的传统工艺、立足先民的成果构筑现代生活(ancient technology for modern life)就是我们可以努力的方向。

虽然商业酵母普及，但是以老面制作面包，几千年以来仍然屹立不摇，因此世界级的面包比赛，通常都有一个地方特色面包的项目，老面就是必然的评选内容。

起种，又称为酵头，是古代没有商业酵母的时候用来发酵老面的重要材料。当起始材料内部发生厌氧反应、产生酒精，酵母就成为这里的优势菌种，我们就有了起种；接着，我们只要每天投入面粉和水进行喂养，待到材料情况稳定，就可以作为老面，拿去制作面包，同时也留下一部分的老面继续喂养，如此每天循环就不必再制作起种。起种只在第一次或是老面养坏而需要重新培养时才会使用，所以不是每天的例行工作。

起种的来源可以分为水果和谷物两种。

使用起种制作面包的流程

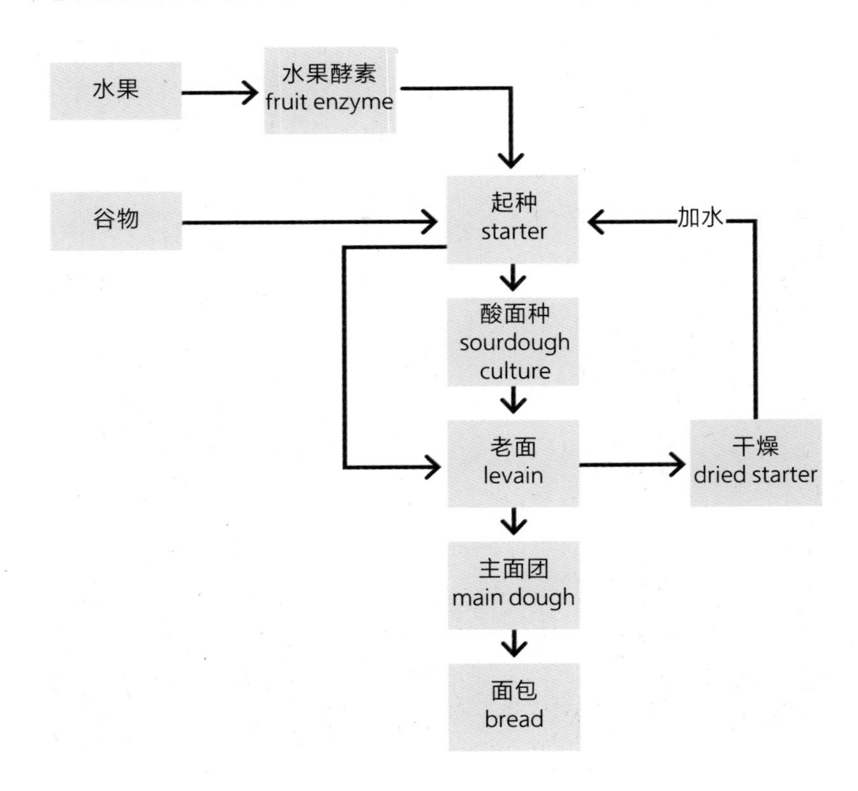

水果起种的制作

配方 葡萄干300克，水900克，葡萄糖27克

室温 25℃

容器 玻璃，高温灭菌(150℃，15分钟以上)，冷却后放入配方材料，罩上塑料袋以橡皮筋绑紧。

时间 4到7天，每6小时摇晃一次。

酵母生存在水果或谷物的表皮里，所以制作水果起种，可以带皮吃的葡萄干是最常用的。按照此配方制作水果起种，必须等到葡萄干全部浮到水面、发出清脆的声音，塑料袋也绷得很紧，打开时更可以闻到阵阵的酒香，水果起种才算完成。除了葡萄干以外，只要是能连皮一起吃的水果，大多都可以通过这样的方法成为起种，像是红枣、枸杞子、番石榴、苹果等。

这种培养水果起种的方式在古代就已经被采用了几千年，那时没有塑料袋，用的是盖子，从现代的角度来看，这也合乎微生物学的概念，因为酵母属于兼性的单细胞真菌，兼具好氧和厌氧的特性，可以存活在有氧和无氧的环境。酵母在有氧的环境进行呼吸作用，在无氧的环境进行发酵作用，呼吸作用能够产生较多的能量帮助酵母繁殖，而发酵作用产生二氧化碳和酒精，增添面包的风味。酵母的食物是单糖结构的葡萄糖，所以在培养酵母的初期，我们会提供少量的葡萄糖加速酵母的繁殖，使它们有足够的族群数量，缩短酵母菌成为优势菌种所需的时间。当面团内既有的葡萄糖或氧气消耗殆尽，酵母会释放各种酵素分解淀粉、蔗糖等多糖或双糖。酵母通常采用出芽生殖的方式繁殖，只在特殊的状态下进行减数分裂。

因此，我们罩上一个塑料袋，内部保留一些氧气，供酵母进行呼吸作用，排出水和二氧化碳。随着二氧化碳逐渐增多，酵母会在氧气消耗殆尽的时候开始进行发酵作用，产生酒精和二氧化碳；当二氧化碳饱和，氧气消失，其他耗氧的菌种，例如霉菌，自然无法生存。这是一个简单又合乎现代科学原理的消毒方法。

无论是罩上塑料袋，或是用瓶盖盖起来，两种方式的功能是一样的。当塑料袋开始鼓胀，内部充满二氧化碳，酵母因此与氧气隔绝。而瓶盖同样可以让瓶子里充满二氧化碳隔绝氧气，但是要注意压力太大瓶子会爆裂。

谷物起种的制作

谷物起种可以算是最古老的起种。古埃及的壁画以及中国古代的文献都有记载谷物起种的制作，用来酿酒和制作面食。在25℃左右的气候，培育谷物起种大约需要7天到10天，因为酵母在谷物的表皮里，所以最好选择萃取率高并且整粒研磨的谷物，例如裸麦全麦粉或是小麦全麦粉。

时间只是一个参考数字。起种会在量杯内膨胀升高，高度达到大约原来的2.5倍时，转而开始下降，这时候就得搅拌，因为

谷物起种与续种的配方与工序

编者注：以下的配方也常被称为“鲁邦液种”，每一天可以只搅拌一次，面包师傅一般养3到5天后使用。

第1天　全麦粉50克、水60克

合　计　110克　　**发酵条件**　25℃，约24小时

第2天　丢掉60克前1天的面糊，用前1天面糊50克，加入水60克、全麦粉50克，搅拌均匀

合　计　160克　　**发酵条件**　25℃，约24小时

第3天　丢掉110克前1天的面糊，用前1天面糊50克，加入水50克，全麦粉 50 克搅拌均匀

合　计　150克　　**发酵条件**　25℃，约24小时

第4天、第5天、第6天　每天都是丢掉100克前1天的面糊，采用的配方及工作同第3天

第7天　不再丢掉面团，用前1天面糊150克，加入150克、全麦粉150克，搅拌均匀

合　计　450克　　**发酵条件**　25℃，约12小时

酵母不会游泳，一旦周围食物吃完，它无法移动，必须借由我们的搅拌，才有机会接触新的食物。搅拌后，起种膨胀的速度就会加快，它在搅拌后因为消泡体积下降，然后会再次膨胀到两倍半的高度，此时必须再搅拌一次；直到面团不再膨胀，这时也代表酵母的食物已经吃完，需要再喂养新的食物。膨胀、搅拌重复三次之后，酵母的数量足够，就可以放进冷藏柜，作为隔夜的老面使用。

谷物起种和水果起种最大的差异在于谷物起种培养好了可以直接作为老面开始使用，水果起种却需要先以液体形式培养，接着再把这些液体和面粉混合才能培养出可以使用的老面。原因在于谷物起种的酵母本来就生活在谷物的表皮上，水果起种的酵母是面团的新住民，属于外来政权，如果本身没有足够的武力当后盾就会被消灭。所以事先在水中培养，使酵母的族群数量增加，同时产生足够的酵素，一旦放入面团就能迅速攻城略地，

左　裸麦全麦粉起种
右　小麦全麦粉起种

成为面团里的优势菌种。

酸面团起种的制作

酸面种的制作原理就是利用酵母菌和乳酸菌的共存机制。当我们培养酵母成为优势菌种的时候，乳酸菌因为食用酵母的残骸得以和酵母并存，但是也和酵母竞争食物。乳酸菌在低温时的族群数量不大，直到温度升高，酵母死亡数量增加，乳酸菌才得以快速增加，排放乳酸使面团变酸。如果酵母菌的族群数量大幅减少，对面团的发酵不利，所以在培养的过程中，第一阶段要设法使酵母菌的数量达到最大，再增加乳酸菌的族群数量，让酸度升高、pH值下降。面团里酵母菌和乳酸菌的比例大约是1∶100，一般完成时的pH值大约在3.8到4.2之间。

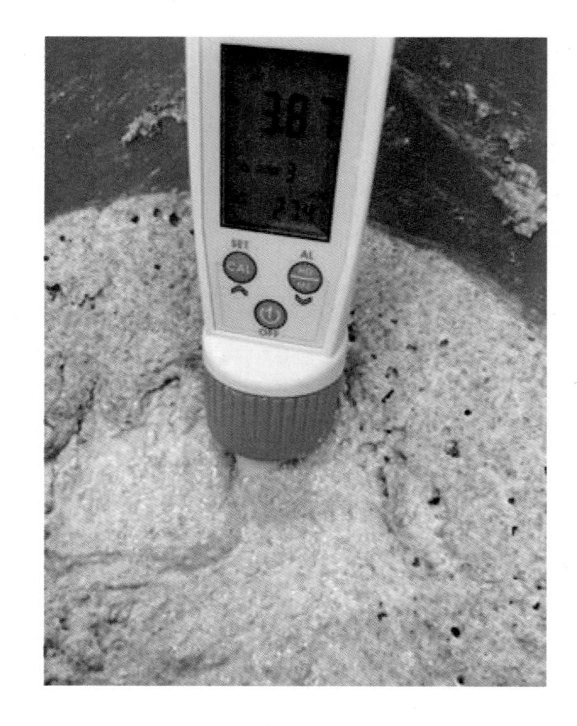

测量酸面团起种的酸度

一般认为酸面团对人体有益。首先，其整个发酵的过程没有添加任何人造物加速淀粉裂解，所有过程都是自然发酵，所以食用后血糖不会瞬间快速增加，这就是所谓的低升糖指数(low GI)；酸面团里乳酸菌的比例远高于其他面包，代表危险的“植酸”(phytic acid)较少；并且由于发酵过程时间很长，蛋白质面筋会更多地被分解成氨基酸，面包更容易消化，这对于小麦蛋白过敏的人，也有正向的帮助；此外，还会抑制霉菌的成长。

酸面团的制作方法有很多，最常用的是直接以整粒研磨的裸麦全麦粉制作，方法与谷物起种的制作方法相同。温度是很重要的因素，当温度升高(高于28℃)，乳酸菌开始活跃，酵母菌逐渐减少，乳酸增加，pH值下降。pH值越低代表面团越酸，到底多少是最佳，并没有一个固定的数值，只能依照每一位面包师傅的偏好决定，一般会在3.8左右，但是有些数据显示，有的酸面团会低到3.5。

亚洲的面包师傅在制作酸种面包的时候都会面临客人是否接受的问题。一来，亚洲人的主食不是面包；二来，亚洲地区的面包主要还是以日式为主流，工艺面包师往往很浪漫地追求酸种面包的技术，制作风味独特的酸种面包，却很难被市场接受，最后通常以沮丧收场。我的面包店开始制作酸种面包的时候，也面临相同的问题。我的方法是少量制作，不断和客人分享，结果发现接受的程度越来越高。我的经验告诉我，这个市场只会增加、不会减少，可以坚持下去。

酸面团的起种一般可以分成三大类：养好的酸面团起种没有经过任何处理或添加其他成分，只做定时续种，我们称这类型的为第一类酸面种。酵母容忍的酸度在pH4到pH6之间，大部分酵母在低于pH4的情况里，数量会减少，面团的发酵力量也降低。因此，寻找耐酸能力较强的酵母，加入第一类型的酸面种，或是在打主面团的时候加入商业酵母，就成为第二类型酸面种。如果将第二类型的酸面种在低于35℃条件下低温干燥，方便保存与携带，就成为第三类型的酸面种，这已经成为工业化量产的产品。

前面谈到三种类型的酸面种都是活性的，酵母菌和乳酸菌并存在酸面种中，成为制作面包的起种。但是在商业上，前两种类型都有保存的问题，也会受到温度和环境的影响，因此，有些公司会把第三类型的酸面种直接高温干燥处理。高温使酵母和乳酸菌不再具有活力，因此不具备发酵的能力，但在制作面包的过程中可以作为风味添加剂，也就是说，发酵过程使用商业酵母发酵，最后加入这种风味剂，使面团变酸，模拟出酸种面包的风味。

有些酵母公司从酸面种分离出酵母菌和乳酸菌并且加以纯化，再加上载体做成干酵母的形态销售。优点是酵母仍然是活性的，可以缩短酸面种的制作时间。然而也因为酵母是活性的，保存环境和温度必须严格控制。而且在酸面团制作的过程中，酵母发酵只是其中一个动作，所以增加酵母和乳酸菌数量，缩短发酵时间，确实可以达到一些酸面团的效果；但是却也导致过程

工艺面包师傅制作酸面种的方法

一般面包师傅制作酸面种的方法

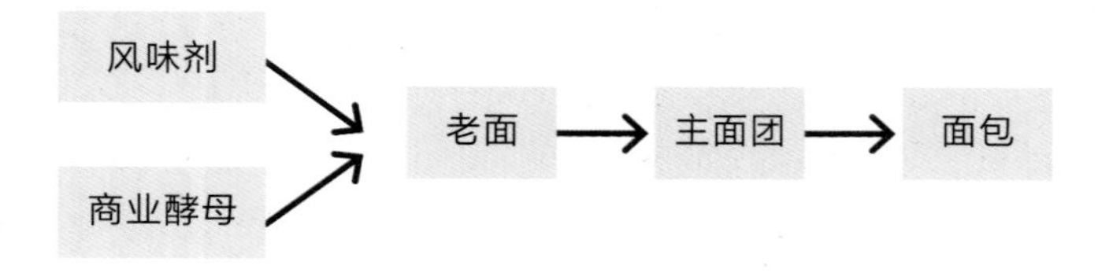

含乳酸菌的商业酵母 → 老面 → 主面团 → 面包

中很多动作没有足够的时间完成，例如淀粉酶裂解淀粉的动作、蛋白酶裂解蛋白质的动作等。

续种

一个满意的起种耗时费工，所以很多工艺面包师传承先人的起种，这些起种可能已经传承很多代，或是来自比较奇特的地方。我曾经听一位外国朋友说他的起种具有将近百年的历史；

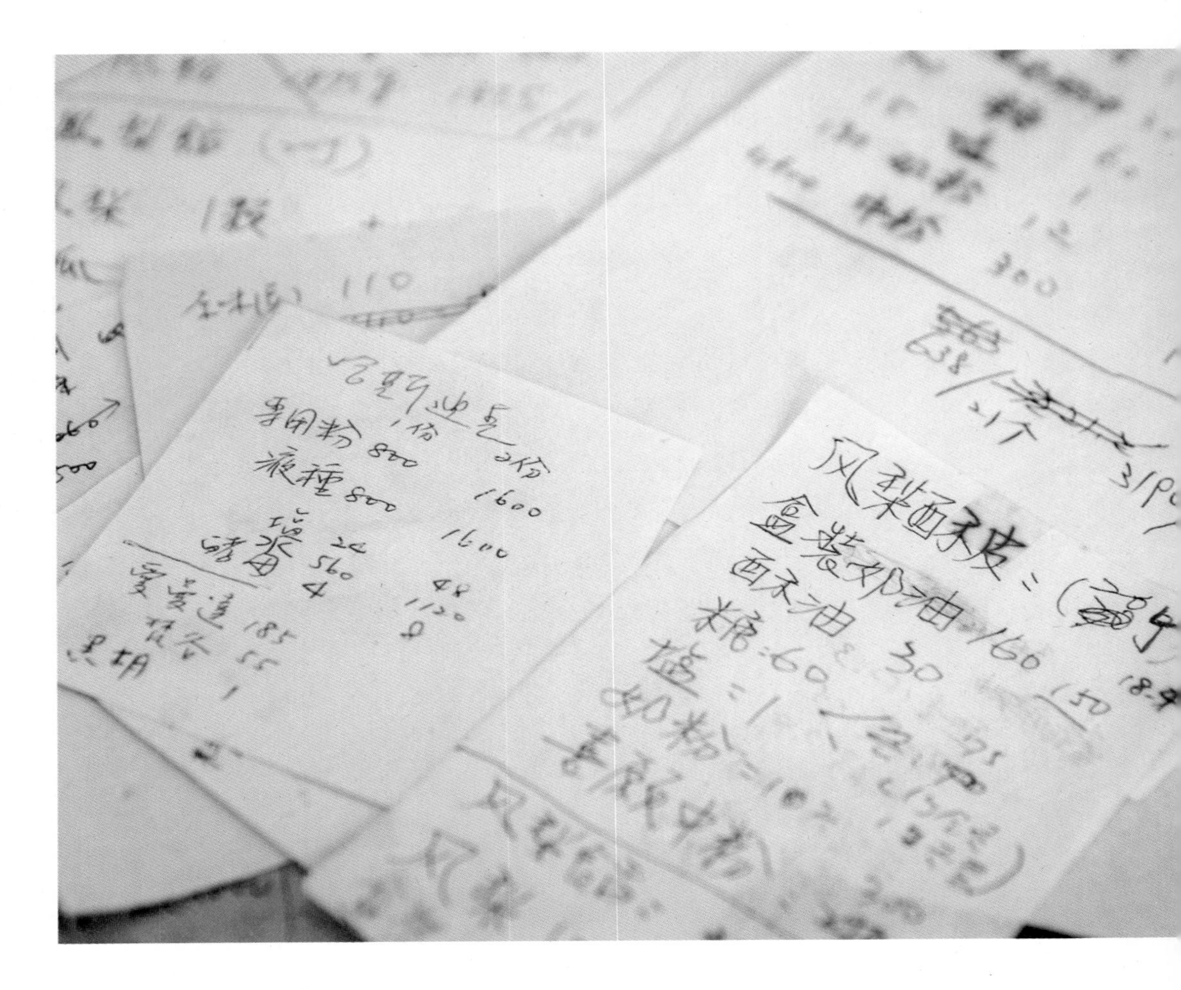

另外还有意大利的师傅宣称他的酵母来自牛粪，有些不明白的人觉得很可笑，尤其酵母经过胃部的强酸之后怎么可能继续存在，事实上，这是可以理解的，因为牛的胃液是中性的，和人类胃酸的结构不一样。牛吃了谷物，排出无法消化的纤维和麸皮，酵母菌依然存活着，从牛粪取得酵母原，用来制作起种并没有违背生物化学的学理。

很多工艺面包师傅都在寻求具有个人特色或地理特色的起种，好发展出自己的特色，例如用当地特殊的水果或谷物来培养起种。为了培育市场，工艺面包师傅相互之间会毫不保留分享技术和经验，例如墨西哥的师傅到美国亚利桑那州学习，将技术带回到墨西哥之后，可以用在墨西哥的农产品上，并且培养具有墨西哥特色的起种，一来和亚利桑那州做出市场区隔，二来可以带动当地农业经济。

不论如何，一个独特的起种是工艺面包师傅追求的目标之一。起种从头培养耗时费工，还要经过很长的时间才能让酵母菌和乳酸菌成为优势菌种，因此，如何延续面种成为很重要的工作，这个动作我们称为续种。例如，我手上有1000克粉水比例是2∶1的面种，今天我用掉700克，剩余300克，我可以沿用2∶1的比例加入新的面粉，也就是加入200克相同的面粉、100克的水，搅拌完成之后，用透气的纱布或麻布包裹，这样我可以得到600克的老面留给明天使用。这样的动作，让面团在相同的面粉环境中不断繁衍下去，我们就称为续种，在我们东方叫做搁老面。

接种和混种

不论是商业酵母或是工艺面包师傅制作的起种，不一定都是单一酵母，高知名度的旧金山酸面团被解读出有五种乳酸菌

续种

接种

混种

共存在面团里，造就特殊的风格。因此，工艺面包师傅只要取得一种起种，往往会尝试在不同的环境下培养，或是和不同的起种混合，期望能够创造一个风味截然不同的产品。

例如我们用裸麦培养的酸面团起种300克，加入台湾小麦全麦粉200克和100克的水，搅拌成600克的新面种，原裸麦酸面种里的酵母菌和乳酸菌接触不同的面粉，产生不同的起种，在重复几次之后，新的起种会制作出不同风味的面包，这样的动作我们称为接种。

另外一种方式是把不同的面种等比例混合一起，例如混合谷物种和水果种，菌种中的酵母菌和乳酸菌自然形成新的平衡，产生一个新的酸面种，也因此制作出不同风味的面包，我们把这种方式称为混种。

续种、接种、混种这三种方式可以自由发挥、运用，创造属于自己特色风味的老面。

前置发酵——
老面(levain)的制作

为什么要养老面？

我们中国的祖先很早就学会如何使馒头发酵得更好。起初他们把一部分的面团留给下一次使用，面团因此发酵得更好，风味更佳，时间久了就形成所谓“搁老面”的技术，几百年来这种技术被运用在制作馒头、窝窝头、馍馍等各种发酵面食上。西方制作法国面包时也会把搅拌好的面团留一部分给下一次使用，他们称为法国老面(Pâte fermentée)。

既然可以用前一次留下来的面团制作面包，我们也可以把面团分成两次发酵；例如我们想要制作1000克的面团，可以把300克的面团提前搅拌发酵，这就是常常听到的鲁邦种(levain)，其实指的就是老面。levain是一个泛称，不是指特定的一个面种。

老面的制作方法有很多，但是全部属于前置发酵(prefermentation)。将面团发酵的过程区分为前后两段，目的在于让面团有更多的时间进行发酵期间的各种反应、生长，包括淀粉被酵素裂解、面筋双硫键的形成、酵母族群数量的增加等。如果有充分的时间完成这些变化，面包的制作过程就不需要添加任何人工物，以这样的方式发酵，我们称为自然发酵法。

老面的制作和酵母的特性密切相关。首先我们要了解酵母属于兼性的微生物，它兼具耗氧和厌氧的特性，在有氧和缺氧的环境都可以生存：在有氧的环境进行呼吸作用，产生二氧化碳和水；在缺氧的环境进行发酵作用，产生二氧化碳和酒精。前者呼吸作用所产生的能量是后者发酵作用的六倍以上，所以有氧时酵母族群繁衍的速度也比较快，但是后者才能产生我们想要的风味。

酵母不会移动自己，传宗接代主要靠出芽生殖。酵母在有氧的环境里族群繁衍速度快，也会产生比较多的废弃物——二氧化碳和水，但这些不具有我们想要的风味；当氧气耗尽，酵母才进行发酵，产生我们想要的风味。所以，我们在制作老面的时候，要先思考我们期望在这个阶段达成什么目标，再依据目标去设计老面的制作方式。

如果我们希望氧气量充足，可以提高水量并且增加搅拌次数，酵母接触氧气的机会自然增加；反之，如果我们希望得到缺氧的环境，可以减少水量，或将面团包裹纱布或麻布，同时减少翻面(fold)的次数，面团内部的氧气耗尽，形成缺氧的状况，酵母必须执行发酵作用，达到我们的目的。

法国面包师傅常用的Poolish波兰老面粉水比例1：1，需要经常搅拌，提供给它较多的氧气；意大利面包师傅常用的Biga老面种，水量是粉量的一半以下并且面团外层裹布，形成氧气较少的环境。以下的内容，我们将详细说明各种不同老面的制作和续养方式。

biga意大利硬种老面的制作和续养方式

biga老面种法是意大利制作面包流行的方法，著名的意大利拖鞋面包大部分都采用这种方式。biga老面的水分较少，比较硬，俗称为硬种。用硬式的老面制作面包速度较慢，但是风味较佳，而以液式(Poolish)的方法培养老面，酵母繁殖的速度较快，却也损失一些发酵的风味。从前面我们知道不论是有氧环境还是缺氧环境，酵母都会释放二氧化碳(区别在于另一产物是水还是酒精)，二氧化碳受热时膨胀，按照理想气体方程式$PV=nRT$来算，面团从大约30℃开始在烤箱中升温到250℃，气体的体积增加到将近1.7倍，这就是为什么面包受热体积会变大的原理。

biga老面的配方粉水一般比例是2∶1，也就是说每一次续种的时候，配方如下：

配方 老面100%、面粉66.6%、水33.4%

用实际的例子来说，我们手上有1000克的老面种，用掉400克剩下600克，我们就依照下面的比例制作。

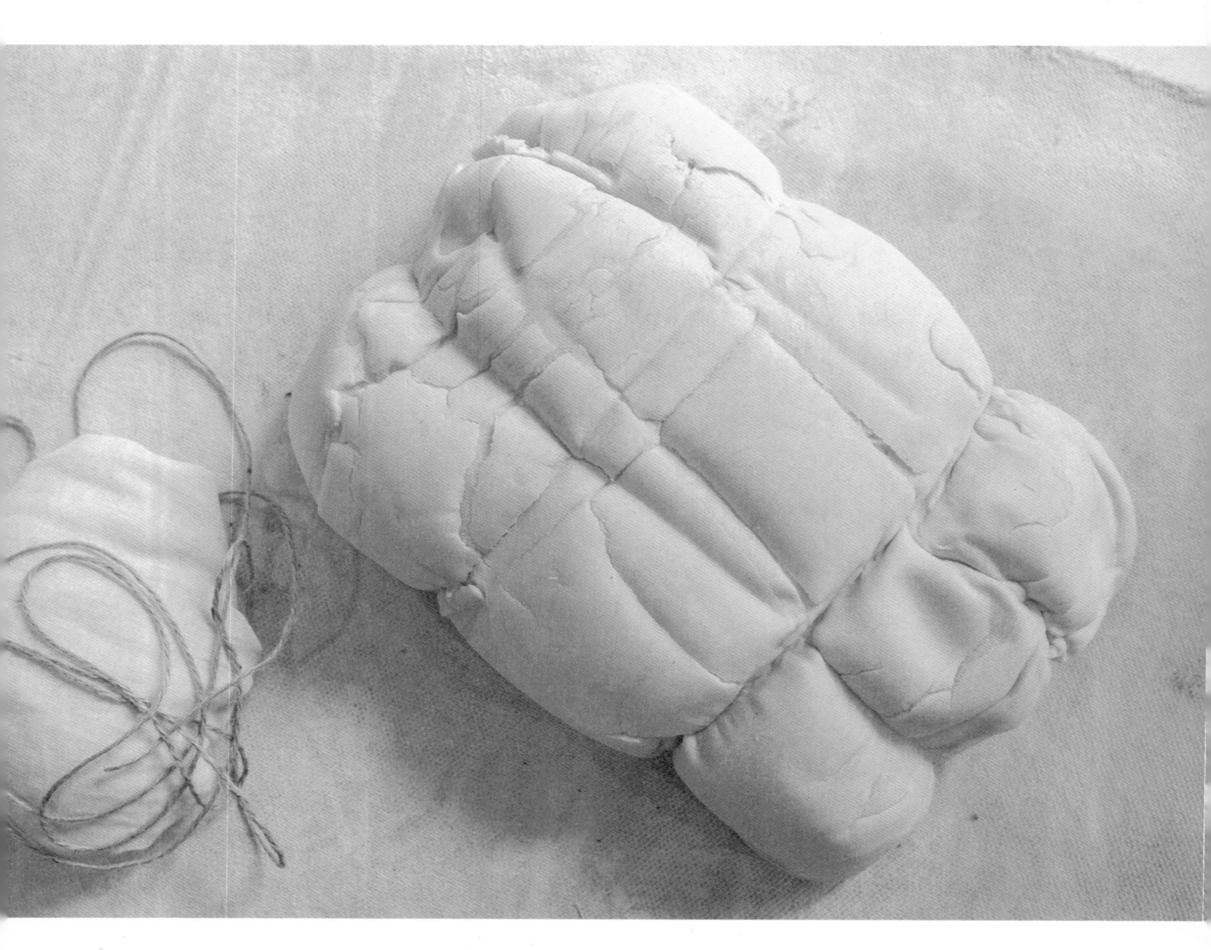

配方 老面600克、面粉400克、水200克

合计 1200克留给明天使用

面种一旦养好之后，在25℃的室温中发酵大约2小时，接着放入5℃的冷藏冰箱中12小时。一般这个动作我会在下午的时候进行，下班时放进冰箱，隔天正好可以使用，只是，裹布的面团底下需要垫个网子，避免过多的水汽使面团和布粘在一起不好处理。

面粉与水的比例2：1不是绝对，例如有些师傅会使用下面的比例：

配方 老面100%、面粉55%、水45%

水量越低、溶解的氧气越少，裹布之后，面团的表面结皮，氧气进入面团的机会也大幅降低。缺氧的环境，迫使酵母执行发酵作用，我可以得到更多想要的风味；然而酵母族群数目降低，同时又因为水量较低，水合过程的一些动作无法完成。在这种情况之下，有些师傅会在搅拌之后进行第二次水合，这就是双水合法的来由(double hydration method)。双水合法经过二次搅拌，双硫键形成面筋的机会增加，酵素裂解大分子的数量也同时增加，酵母的族群数量也增加，这些对于面团的结构和风味都有正向的意义。

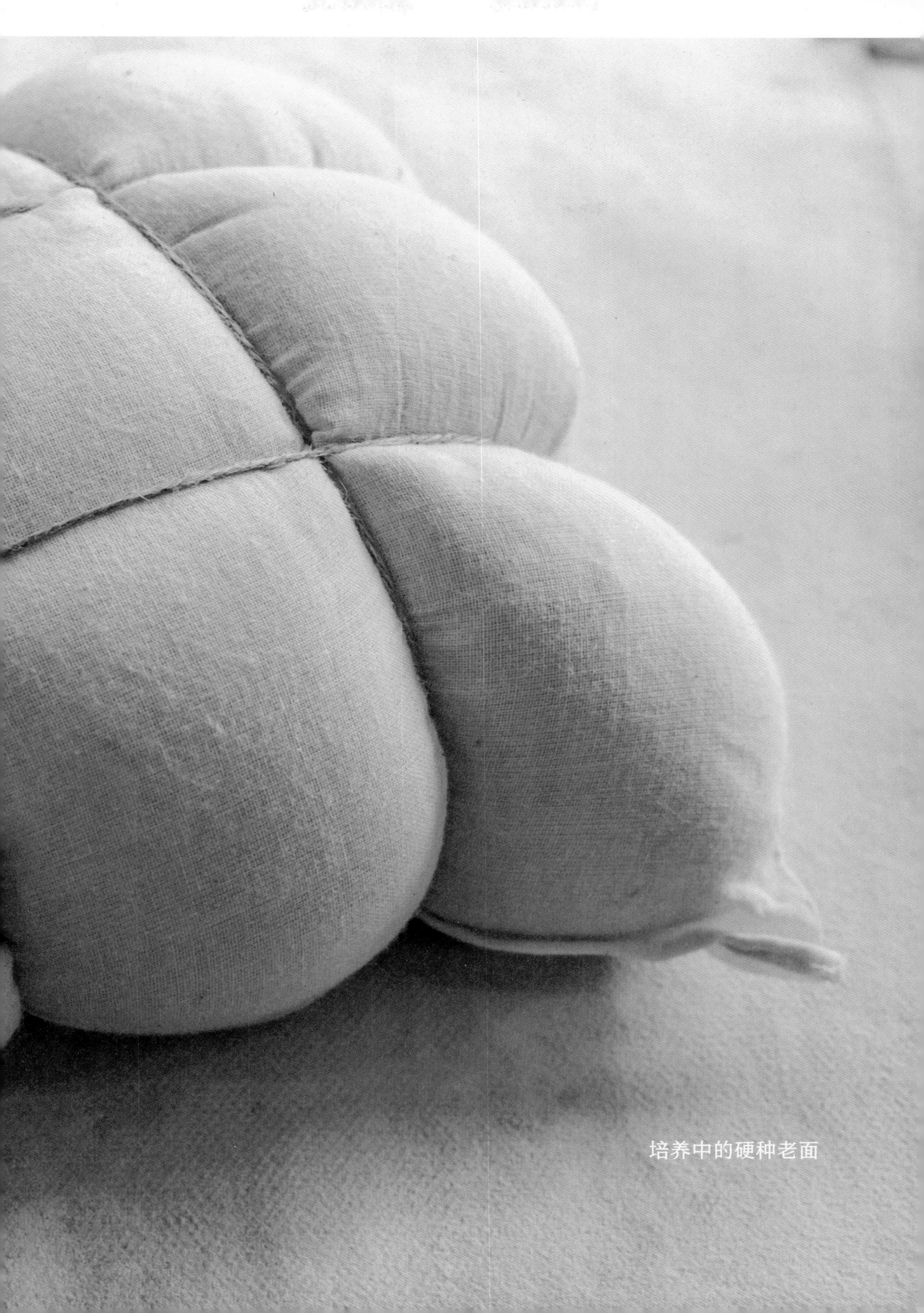

培养中的硬种老面

Poolish 波兰老面的制作和续养方式

Poolish老面种起源于波兰却盛行于法国，粉水的比例约为1∶1，我们经常用它制作法国长棍面包、乡村面包等产品。一般见到的续养配方为：

配方 老面100%、面粉100%、水100%

如果以实际的重量计算，我们手上有1000克的波兰老面种，用掉600克，剩下400克，那么我们可以加入400克的面粉、400克的水，如下。

配方 老面400克、面粉400克、水400克

合计 1200克

显然波兰老面的水量比起biga老面多出一倍，面团里氧气的比例也高于biga老面。酵母有更多机会接触溶解在水里的氧气，进行呼吸作用排出二氧化碳和水，促使酵母成长得更快，族群数量也快速增加，部分接触不到氧气的酵母则执行发酵作用排出二氧化碳和酒精。酵母的食物是葡萄糖，酵母不会游泳，只能释放酵素裂解淀粉取得葡萄糖，一旦周边的葡萄糖耗尽，酵母会死亡，族群数量开始下降，所以我们看到波兰老面涨到两倍多就会开始缩小，原因就是这个。

我们经常误认为酵母在这个时候族群数量最大，但是因为酵母不会移动，面团里的很多葡萄糖没有被酵母接触，酵母的族群数量还有增加的空间。我们可以做一个简单的实验，在波兰老面达到最高点的时候，给予搅拌，我们会发现老面可以继续涨高，这代表酵母的族群数量还在继续增加。这是因为酵母有机会接触未被使用的葡萄糖，同时因为搅拌，部分的氧气溶解到水里，让酵母的成长与繁殖加速。这也就是为什么价格昂贵的老窖机内建一个搅拌器的原理，搅拌可以增加酵母接触葡萄糖与氧气的机会，以及蛋白质结合成双硫键形成面筋的机会，面团因此发酵得更好。因此，在波兰老面第一次达到2.5倍高度的时候，我们不急着将它放入冰箱，反而可以再搅拌一次，每多搅拌一次，面种达到2.5倍的时间就被缩短一次，这是因为酵母的族群数量随着搅拌不断增加；一般我会膨胀、搅拌重复三次才放入冰箱。

波兰老面可以快速增加酵母的族群数量，但是其中发酵产生的风味比较不足，因此使用波兰老面制作面包，发酵的时间必须延长；然而，室温25℃的环境会加速醋酸菌或乳酸菌的形成，造成pH值下降、面团变酸，这就是为什么我们要在低温的环境

下进行发酵。低温长时间自然发酵可以补足波兰老面的缺点；同样的，我们使用biga老面制作面包，如果也把温度降低、延长发酵时间，对于发酵也相当有帮助。低温长时间自然发酵，面团有充裕的时间进行所有应该完成的动作，就不需要加入人工物制作面包。

以量产的角度而言，波兰老面是一个比较快的方法；以特色而言，波兰老面所制作的面包风味不如biga老面，但是通过长时间发酵可以弥补这个缺点。这类型的波兰面种比起biga面种黏稠许多，也俗称为液种。不论是Poolish老面或是biga老面，两种老面都是很好的制作方式，各有其优缺点，面包师傅在制作面包的时候，可以依照自己的方式运作，做出个性化的产品。有些面包师傅同时使用两种老面制作面包，可以平衡两者的优缺点，做出具有个人特色的美味面包。

lievito madre意大利水式硬种老面的制作与蓄养

意大利的酒醋酸味和乳酸菌的酸味不同，前者的酸味在唇端挥发，后者的酸味在喉头有尾韵下沉；如果我们期望的酸比较接近醋酸的风味，lievito madre就是很好的选择，有些面包师傅会采用这种方式制作意大利著名的潘娜朵妮面包。

lievito madre制作和蓄养主要的原理，是制作酵母菌、乳酸菌和醋酸菌共存的老面团，酸味则比较接近醋酸。为了达到这样的效果，它续养的方式非常特别，是放进水中续养，或是暴露在空气中，让空气中的醋酸菌自然落入。在第一次建立lievito madre老面的时候，我们采用起种激发面团：

配方　起种30%、面粉100%、水45%

这样的比例和biga老面相同，所不同的是发酵温度较高，控制在28℃，并且在面团搅拌好后在其表面剪出十字放入水中，只要等待面团浮上水面，pH值也达到我们的期望，发酵就算完成。第二次以后的续养方式，大部分都采用干式，和biga老面一样，如下：

配方　前种50%、面粉100%、水50%

lievito madre意大利水式硬种老面

lievito madre另外有一种比较少见的方式：把老面团的一半沉入水中，另外一半在空气中，以此替代前面两阶段的做法。目的在于缩短制作时间，但是会损失一部分长时间发酵的风味。此外，也有人把蔗糖加入水中，但是蔗糖为双糖，酵母无法直接使用，需要等待酵素裂解，不如放入少量的葡萄糖。

sourdough酸老面

采用酸面团起种，接种到任何一种老面上，产生新的酵母和乳酸菌并存的老面，这一类型的老面被称为酸老面(sourdough)。我们常听到的旧金山酸种面包、德国和俄罗斯的黑面包，还有中国东北哈尔滨的大列巴，都属于这一类型的酸种面包。意大利的lievito madre老面也常常被翻译成酸面种或酸老面，差别在于lievito madre老面比较接近醋酸菌和酵母共存的机制，风味大不相同。

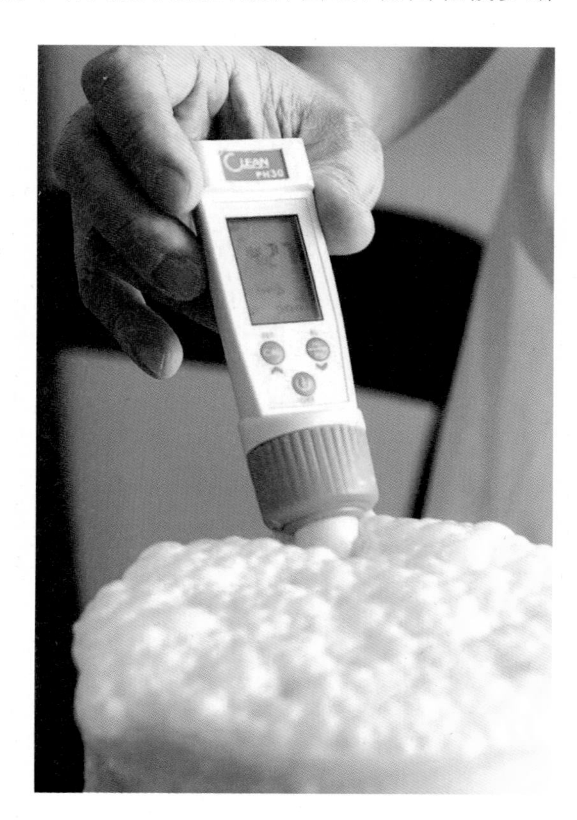

测量酸老面的酸度

酸老面的制作方法

配方 酸面团起种5%、面粉100%、水100%

续种方式 (Poolish模式)老面100%、面粉100%、水100%

培养条件 温度28℃,时间12小时

pâte fermentée法国面包老面

我们可以把一部分发酵完成的面团当成老面,留给下一次来制作相同的面包。因为面团发酵刚完成,酵母的族群数量也最多,同样地,被释放出的酵素数量也最多;面团处于最佳的状态,放到新面团的材料里搅拌,可以缩短发酵所需要的时间,并且又能达到我们期望的风味。这样的老面制作方式,最适合运用在无糖无油的面包上。我们最常用它制作的就是法国长棍面包,每一次打好的面团留下10%到30%,作为下一次的老面种,这样的老面被叫做pâte fermentée,一般翻译成法国老面。

商业酵母隔夜宵种(overnight levain)

在很多大量生产的面包工厂或连锁店里,制作起种和维护起种并不容易,门槛较高,选用现成的商业酵母因而成本降低、风险降低,对于员工的依赖性等也同样下降。

配方 商业酵母0.2%、面粉100%、水100%

商业酵母隔夜宵种在常温静置约2小时,或是体积膨胀到2

倍大左右就可放入冰箱冷藏一个晚上，第二天一早就可以使用。

汤种

汤种的技术早在中国北方流传，我们称为烫面。先把1/3的面粉，以65℃以上的热水烫过，接着冷藏12小时，再和主面团搅拌一起，如此可以做出更加柔软的面包。

编者注：

（以下内容原著系采用曲线图描述，编辑为了阅读更容易，与作者商量后改成如下。）

这里涉及一个概念：淀粉糊化。淀粉在常温下不溶于水；但是当水温升高到大约53℃以上时，淀粉颗粒就会发生不可逆的变化——润胀、解体，即使降温也不会回复，这就是淀粉的糊化，糊化具体来说有以下两个阶段。

· 润胀阶段

一般认为水温达到65℃时，润胀就会高效地进行。这时淀粉分子内的某些化学键断裂，原来的结晶区域由排列紧密的状态变为疏松状态，这样水分子就进入淀粉颗粒内，淀粉颗粒急剧膨胀，可膨胀50～100倍。如果将淀粉重新干燥，水分也不会完全排出，无法恢复原状。汤种中的淀粉，主要是处于这种状态。

· 解体阶段

水温更高，达到约90℃以上时，淀粉颗粒就容易破裂，破裂后颗粒内的分子向外扩散，又彼此缠绕，与水一起形成胶体（此时如果降温，就会形成煮熟的固态）。

在汤种的具体做法上，可以使用100℃的水，可按粉水比例为1∶1.5，搅拌慢速1分钟快速1分钟，或按粉水比例为1∶1，搅拌慢速3分钟。（因为粉水混合，所以混合物的温度应该是接近65℃。）

我们把1/3的面粉烫过之后，它已经跨过门槛温度，发生了不可逆的变化——除了上述淀粉糊化以外，其中的蛋白质也糊化了，不再能形成面筋，另外，原有的淀粉酶、蛋白酶也失效了。这样，使用汤种的整个面团的面筋就少了1/3，面团就变得很柔软。汤种中糊化的淀粉，仍然可以被来自酵母的淀粉酶分解并且更容易分解，这样它们还是可以参与发酵，此外也更容易被人体消化吸收。

汤种的技术运用在吐司、日式的软面包中，非常受到东方人的欢迎。汤种的原理和传统老面的概念正好相反，汤种先取一部分的面粉高温处理，使这些面粉失去功能；而老面正好相反，去掉一部分的面粉，提前进行发酵作用。这反向思考的逻辑很有趣，我不得不佩服先人的智慧，中国古代很早就已经运用汤种的原理制作面食，称为“烫面”法。但是无论如何，这种方法逐渐被还原剂替代，氧化使面筋加强，还原则相反。

甜面团老面(sponges)

在制作甜面包的时候，我们先把一部分的面粉加入水和起种，不包括黄油和其他馅料，进行长时间发酵，最后再搅拌到主面团里制作面包，这样的老面就是甜面团老面。因为在制作甜面包的时候，干扰发酵的因素很复杂，包括黄油、奶粉、蛋、馅料等，故而在这么复杂的环境下，我们单纯先把面粉、水、起种(或是商业酵母)搅拌，在25℃左右发酵大约需要2小时，让老面体积大约膨胀到2倍半，接着冷藏静置一个晚上，酵母已经大量增殖起来了；在第二天老面再和主面团搅拌一起，整个面团的发酵过程受其他材料的干扰也就小了许多。

后制作

搅拌主面团

主面团的搅拌方式可以区分为下面三种。

1.直接法

所有的材料一次搅拌成面团，就进入后发酵阶段。这也是最常使用的方式。一般日式、软欧式的面包店大都采用这种方式，速度快、效率高，可以大量生产，省去喂养老面所需的时间，只使用商业酵母；为了求产品标准化以及质量稳定，一般会加入合法的改良剂和风味剂。

直接法的材料，如盐、黄油和馅料是后放的，这些材料等到面团已经达到完全拓展阶段才陆续加入。离缸温度是很重要的评核元素，甜面包、软面包、吐司可以设定在25℃以上，其他用全麦、裸麦、斯佩尔特麦等做的面包大多设定在22℃以下。

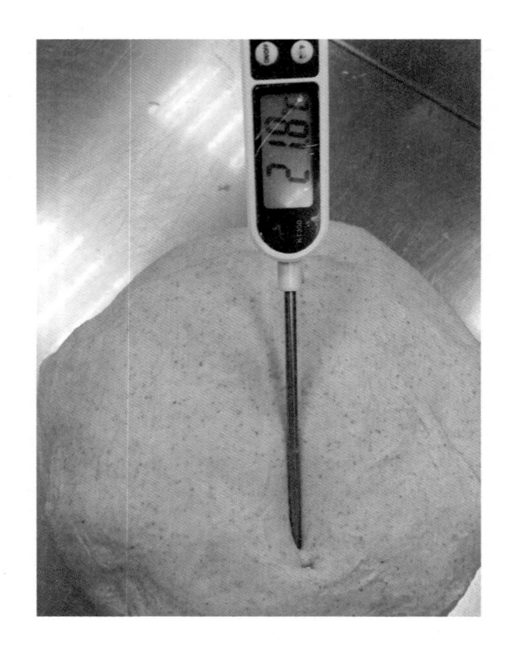

2.低温长时间自然发酵法

低温长时间自然发酵法是本书从一开始就不断介绍的方法：起种→老面→主面团→面包。

长时间自然发酵，不使用任何人工物，包

括商业酵母。我们先养好起种，再用起种养老面，接着在搅拌时把老面和其他的材料一起搅拌，盐后放，油及馅料最后才拌入。这种方式的运作过程，温度扮演很重要的角色，每一个步骤都必须非常注意温度；面团搅拌后离缸的温度同样要依照不同的材料做好控制，全麦、裸麦、斯佩尔特麦等面粉制作的产品，建议离缸时候控制在22℃以下，一般高筋面粉可以在25℃以上。

3. 不搅拌面团(no kneading)

不搅拌面团，也是很值得推广的面包制作方式，它的基本过程和低温长时间自然发酵法完全一样：起种→老面→主面团→面包；两者不同的地方在于不搅拌面团的后制作过程都不使用搅拌缸，所有搅拌的动作全由面包师傅用伸展与翻面(stretch and fold，简写为S&F)两个动作完成。这种方式的优点很多，比使用机器搅拌更容易控制温度。很多工艺面包师傅坚持使用这样的方式制作面包，尤其面团大的时候，S&F更是一件耗费体力的工作，但是为了追求完美，工艺面包师傅乐此不疲。

分割、预成型、中间发酵与整形

每个面团的特性不尽相同，对于水量高、黏滞性高、形状特殊等不同的性质，面团分割、预成型的方式都不尽相同。

预成型指的是把面包最后希望达成的形状分两次完成，例如法国长棍面包，我们分割完之后，先做成枕头状，发酵一段时间之后再拉成期望的长度。

中间发酵的目的是在最后整形之前，给予分割预成型的面团充分的时间进行发酵和松弛，方便进行最后的整形。

上　预成型成橄榄形

下　第二阶段拉到期望的长度

后发酵与烤焙

后发酵的目的是让整形完成的面团有足够的时间松弛到一定的体积，这样，当面团进入烤箱烤焙的时候，面包内的气体在面糊完全固化之前，可以膨胀到一定的大小，表皮的脆度和内部组织的气孔达到我们期望的口感。后发酵的温度，一般会设定在28℃到35℃之间，取决于时间和面团特性，例如吐司、日式面包一般后发酵的温度会设定在35℃，传统欧式面包则设定在28℃左右。

烤焙中的化学和物理

每一种面包的烤焙温度差异很大，最重要考虑的因素是梅纳反应和焦糖化反应。

1. 梅纳反应（Maillard reaction）

梅纳反应是由蛋白质的氨根和还原糖类发生反应，产生凝黑素使面包上色，及产生不同的风味。还原糖类包括葡萄糖、果糖等，但是不包括蔗糖（编者注：蔗糖可被酵母分泌的蔗糖酶分解成还原糖）。反应的温度也很广，从室温到150℃梅纳反应都持续进行。面包表皮上色和风味的原因，主要也由梅纳反应形成。

观察梅纳反应表皮上色

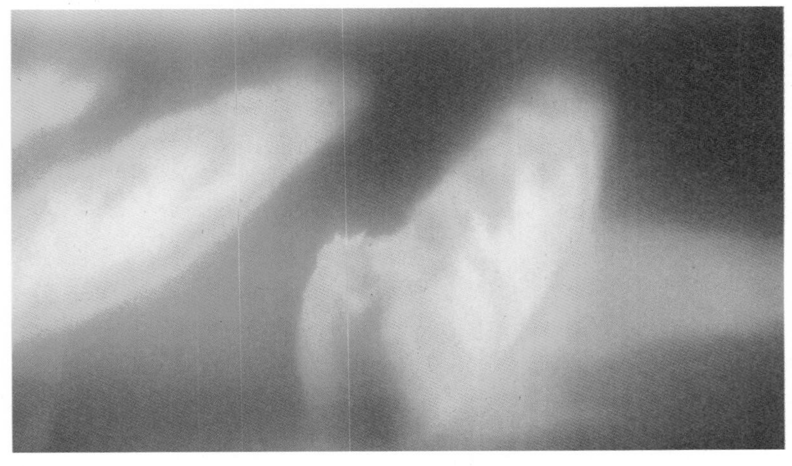

2. 焦糖化(caramelization)

即糖类高温氧化的反应。每一种糖类焦化的温度不太一样，最低的是果糖，在110℃的时候就开始进行氧化，颜色变黑；其他像是乳糖、麦芽糖、蔗糖等大约都在160℃到170℃进行焦糖化反应。

显然，梅纳反应才是产生面包颜色与风味的主要因素。所以设计烤焙温度的时候，如何取得梅纳反应和焦糖化之间的平衡是非常重要的。

还有一个很重要的因素影响烤焙时间和温度，就是面团热传导的速度，简单来说，就是和热能从表皮均匀传导到内部并均匀分布所需要的时间有关。淀粉糊化的温度大约在65℃，我们利用这个温度制作汤种；96℃的时候，面团内几乎所有物质已经固化，体积不再膨胀。但是如果外部温度太快达到96℃，则面团内部还无法传导到足够的能量来达到固化，这时候外部一旦开始进行焦糖化反应，我们会很为难，因为这时候看起来是该出炉了，可是如果这时候出炉会产生许多问题：

第一，内部没有完全固化会产生黏牙的口感。

做失败的吐司

第二，内部没有完全固化，面团又离开烤箱降温的话，因为团心是柔软的，面团遇到冷空气就开始收缩，面团上下向着团心塌陷，左右向着团心收缩，卖相会变得很差。吐司最常看到这种情形，有些面包师傅误以为烤箱温度不够而提高炉温，事实上正好相反，此时应该要降低炉温、延长时间。

所以，每一种面团可以先依照经验设计炉温和时间，设定一组炉温，然后测量团心内部达到96℃所需要的时间，并且观察团心温度达到96℃时面包表皮和气孔的状态，接着进行温度调整。

3.冷热对流对烤箱内面团的影响

冷热对流时，气体流速大的地方压力小，流速小的地方压力大，这与我们将多少面团放进烤箱以及排列方式有关。

1.底部四周黄边的问题：两个面团之间的距离比较狭窄，所以热空气流动的速度比较快，热交换的时间比较短，这就是为什么面包底部四周会有一圈黄色的原因。

2.两个面团粘在一起的问题：面团靠近底部的边缘部分和周边面团最为接近，热流经过的速度比经过面团顶部更快，速度快的地方压力小，这是流体力学的伯努利原理，因此面团会往压力最小的地方膨胀、凸出，两个面团因此粘在一起。

两个面团粘在一起

这些现象都是因为面团与面团之间的距离太近，所以减少面团数量或是重新排列就可以解决。

各种面团烤焙的方式不太一样，了解原理就能得心应手

1.小圆面包的烤焙方法

许多日式面包都是做成小圆形状，因为面包含糖量比较高，前段烤焙的温度可以设定在180℃左右，避免表皮温度太高，太快进行焦糖化反应，形成苦黑的表皮；团心温度接近96℃后，再将上火调高，略产生焦糖化的色泽就可以出炉。

2.口袋面包的烤焙方法

如果想要土耳其披萨(pita)、土耳其面饼(lavash)等面包迅速膨胀、呈现中空口袋形状，就必须赶在内部面糊固化之前，让内部的空气受热迅速膨胀，面团在高温之下内部达到96℃

口袋面包膨胀起来的瞬间

固化的时间在3到4分钟以内，我们要在这个时间内让压平的面团膨胀，唯一的方法就是高温。上下火的温度同时预热到约250℃到280℃；面团压平之后再静置20到30分钟，内部发酵产生气体，入炉时直接贴在石板上，气体受热膨胀，2到3分钟左右就可以出炉。

3. 开口笑司康(scone)的烤焙方法

因为希望司康能自侧面裂开，我们可以加大上火和下火的温差，例如上火230℃、下火160℃，让上层迅速固化，膨胀的气体只好沿着侧面冲出，对于出现开口笑的形状有比较好的效果；另外，在制作时折叠两层也会有正向的帮助。

4.扁平面包的烤焙方法

扁平面包厚度往往不到0.5厘米。面团贴在炉床上，热流迅速以传导的方式到达面团表面，面团内的气体必须在入炉之前有效排除，否则会变成口袋面包，这时候有一把像印章的工具变得很重要。我们先用印章工具捶击面团，把气体充分排出，而后一样用上下火高达260℃以上的温度，依照厚薄以及期望的脆度，在极短的时间出炉；薄皮的脆饼往往只需要3分钟，佛卡夏之类的扁平面包可能在12分钟左右就可以出炉。

5.拖鞋面包(ciabatta)的烤焙方法

每家的拖鞋面包诠释方法不同，各有优缺点。如果我们期望的是较大的气孔、柔软的上表皮、发亮的薄膜，我们设计炉温时可以采用下火高、上火低的方式烤焙，目的在于延长上表皮固化的时间，气孔受热膨胀不至于被固化的上表皮固定。我采取的温度策略是上火180℃、下火220℃，16分钟以后，上火升高到200℃，大约再3到4分钟上表皮上色就可以出炉。

6.圆柱形面包的烤焙方法

这一类型的面包多半放在纸模里面，最常看到的就是意大利水果面包潘娜朵妮。圆柱形面包比一般面包高，上表面比一般面包更接近炉顶，受热会比一般面包来得快、容易上色，如果上火太高，会造成上头颜色很深，但是中心点还没有熟。因此，烘烤这一类型的面包，上火必须降低，例如300克高10到15厘米的水果面包，烘烤时间是35分钟：前25分钟温度设定在上火140℃、下火180℃，最后10分钟才升温到上火180℃、下火200℃，上表皮上色后就可以出炉。这一类型的面包在出炉时一般会倒挂一段时间，因为面包个头高体积大，粗心的工作人员经常疏忽而在内部团心温度没有达到固化温度时就出炉，造成面包顶部下陷，或是缩腰，卖相不好；装在纸模中，倒挂到油脂凝固，就可以避免这种情形。

7.低面筋或是无麸质面包的烤焙方式

这一类型的面包因为缺乏面筋作为面包成形的支柱，受热之后往往坍塌成扁平状，口感不好、形状不好、卖相很差，例如高裸麦比例的酸种面包、俄罗斯的黑面包、斯佩尔特麦无麸质面包等。原因是裸麦、斯佩尔特麦缺乏麦谷蛋白和醇溶蛋白而无法形成面筋薄膜、包覆发酵产生的气体，这些气体容易受重力挤压逸出，或是受温度升高影响膨胀破裂逸出。

因此，我们制作这一类型的面包有两个重点：第一是轻柔对待(gentle touch)，避免重压、重摔，即使入炉时我们也不使用

入炉架，改用薄的入炉铲，避免面团掉落到炉床时因为落差较大而逸出气体。第二是高温入炉，一般我会采用上火250℃、下火250℃的温度，入炉时直接接触炉床，使气体在逸出之前面糊受高温固化而不会塌陷。但是如果持续维持高温，表面会产生焦糖化反应而变黑、变苦。所以，500克的面团在藤篮里发酵完成要入炉时，我们的程序是：入炉时上火250℃、下火250℃，喷蒸汽；在烤焙5分钟之后，降温到上火230℃、下火230℃再烤5分钟；接着上火210℃、下火210℃再5分钟；之后降温为上火210℃、下火210℃烤10分钟；最后视上色情况，将上火升到250℃烤3到5分钟，目测出炉。

8. 长棍面包(baguette)的烤焙方法

我们期待的长棍形面包是表皮酥脆、内部柔软、有气孔却不要太大，也不要像乡村面包那么紧实，然后表面还有割刀的耳朵裂痕。炉火的设计就是重点。一般面团入炉时会高达230℃以上，有的师傅使用250℃高温，让内部的气体在表皮固化之前迅速膨胀，并且喷入蒸汽、延缓上皮凝固，接近上表皮的空气自割刀的缺口冲出，形成耳朵外翻的形状。但是230℃已经超过焦糖化的温度，很容易造成上下颜色过深或焦黑，口感呈现苦味。为了避免这种状况，我们会在入炉喷完蒸汽之后，降低上下火到210℃，目的在于入炉时的高温使气体迅速膨胀，形成我们想要的气孔，但是底部和上表皮都不会焦黑，等到团心温度达到80℃时再升温使表皮上色。长棍型面包的变量很多，烤焙温度的设计只是其中一种因素，制作过程中还有很多需要考虑的地方。

9. 大面包的烤焙方法

500克以上到2公斤的大面包，例如米琪及各国的乡村面包，烤焙时要避免过早焦糖化，所以我们会选择较低的温度，开始时

上下火设在180℃左右，烤焙时间延长；待团心温度达到80℃，升高上下火到200℃以上；团心温度达到90℃，升高上火进行焦糖化反应，上皮的颜色达到我们的要求大约就可以出炉。如果以2公斤重的米琪面包来说，第一阶段设定上下火都是180℃，时间30分钟；第二阶段升高到上下火都为200℃，20分钟，之后升高上火到220℃，大约3分钟表皮上色就可以出炉。大面包很忌讳一开始就用高于200℃的温度烘烤，因为表皮很快超过160℃，焦糖化使表皮迅速变黑，但是团心温度可能还不到70℃；为了顾及表面不能烧焦，又避免出炉的面团内部并没有烤熟，有经验的师傅会把上炉门夹一个手套同时降低上火、延长时间，直到团心温度达到96℃才出炉，但是口感终究还是不同。

10.水浴法

德国黑麦面包(pumpernikel)使用高比例的黑裸麦，但是原本裸麦的颜色并没有那么深，有些面包师傅为了加深颜色会加入可可粉或是咖啡。然而也有一些师傅希望保有裸麦原有的香气所以选择不加，他们会在烤模下方的烤盘放入大量的水，并且用网架架高烤模，降低炉温为上下火110℃到150℃之间，接着延长时间、烤焙3小时以上；因为水在100℃气化的时候会吸收大部分的热能，使得炉腔内的温度一直维持在100℃左右，再利用低温的梅纳反应，使面包内外都能均匀上色，我们将这种方式称为水浴法。

十五种经典面包的配方和制作程序

每个面包师傅都有自己的面包配方设计与诠释方式，但有一个安全比例可以遵循：

盐量是粉量的2%，水量是粉量的65%，商业酵母是粉量的0.2%，老面是粉量的30%，以这个为标准，再依照师傅的喜好进行调整。

老面馒头 华人的蒸汽面包

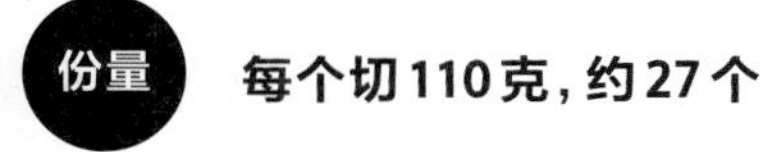

份量 **每个切110克，约27个**

材料

老面馒头配方：

材料名称	数量(克)
biga硬种老面(粉水比例2：1)	1500
台湾小麦粉	1000
水(冰)	520
盐	5

biga硬种老面配方(使用商业酵母)：

材料名称	数量(克)
干酵母	2
面粉	1000
水	500

(老面种视使用量，可依此倍增)

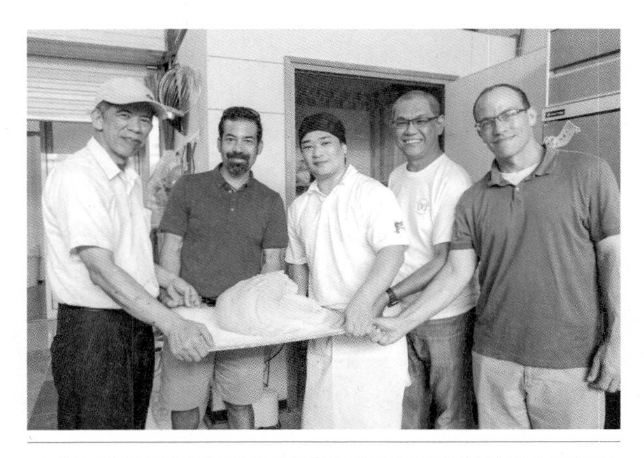

火头工特别商请老面馒头游朝清师傅(中)公开他的配方和制程

biga硬种老面配方(使用起种)：

材料名称	数量(克)
起种	300
面粉	850
水	350

(老面种视使用量，可依此倍增)

一、硬种老面(使用商业酵母)

1. 将干酵母倒入水中，溶化后即可倒入面粉，拌成团即可。
2. 待面团发酵到2倍大后，搅拌，再待发酵到2倍大，再搅拌，如此重复三次之后，放入5℃冰箱冷藏12小时以上即可使用。

二、老面馒头

1. 搅拌

→慢速1分钟（一速）。
→中速5到6分钟（二速）。
→慢速1分钟（光亮）。
→视面团大小，搅拌时间可增减。
→搅拌时须快速完成，不然会拌入过多空气（气泡较多）。

2. 制作

→揉面完成后，约须松弛5分钟。
→松弛完成后，将面团整形为长条。
→分割，揉面，整形为圆形。
→整形完成后，发酵约50到60分钟（1.8倍大）。
→视温度增减发酵时间。
→发酵完成即可开始蒸。

3.蒸的方式

A. 不锈钢（气爆）蒸箱：蒸至95℃后，再蒸12分钟即可出炉。
B.（竹）蒸笼方式：大火蒸至水滚后计时20分钟；完成后须透气几分钟， 才可慢慢打开蒸笼。因有温度差，冷空气会使蒸好的馒头变皱变扁，故须让蒸笼慢慢透气后才能打开。

步骤

佛卡夏 意大利的扁平面包

份量 **9个**

材料

材料名称	数量(克)	烘焙比例
杜兰粉	200	22.86%
高筋面粉	375	42.86%
低筋面粉	300	34.29%
水	444	50.74%
盐	20	2.29%
酵母(可选)	2	0.23%
液种老面	500	57.14%
橄榄油	40	4.57%
油渍西红柿	15	1.71%
黑橄榄片	110	12.57%
总计	2006	229.26%

做法

1. 培养液种老面（Poolish波兰老面），面粉：水=1：1。
2. 材料除了盐、橄榄油、油渍西红柿、黑橄榄片以外，全部放入，搅拌成团时放入盐和橄榄油。
3. 离缸温度低于25℃。
4. 离缸后，静置20分钟，翻面一次，再静置20分钟。分割成每个约222克， 滚圆，放入5℃冰箱冷藏12小时。
5. 取出后置于28℃的发酵箱中发酵约1小时。整形成扁平面包，再发酵30分钟后，在表面装饰油渍西红柿后入炉。
6. 上火230℃，下火230℃，入炉后喷蒸汽，约8分钟出炉。

步骤

火头工笔记

1. 配方设计：液种老面占烘焙百分比为57.14%，采用粉水比例1∶1的Poolish老面种。酵母是可选项，刚开始对于老面制作不是很有把握时可以使用，熟悉之后就可以不加了。盐量20克，占烘焙百分比为2.29%，看起来比标准值2.00%偏高，但是因为有液种500克，其中粉水各半，所以配方中还有250克的粉，总粉量为1125(=200+375+300+250)克，盐的实际比例为1.77%(=20 ÷ 1125)，比标准值还低。
2. 这一款佛卡夏比较柔软，和意大利披萨、土耳其披萨(pide)

硬脆的饼皮不同。

3. 黑橄榄和油渍西红柿是很好的搭配，加上一锅浓汤就是很好一顿晚餐。
4. 佛卡夏的来源有两种说法。第一种说法是以往用石窑烧烤面包，不像现代有精准的温度计可以测量炉温，柴火升到高温的时候，我们先丢进一块扁平面皮，测试炉温是否到达，扁平面包在高温时只需要3到6分钟就可以出炉，看它的状况就可以了解石窑的炉温是否已经达到要求。高温烤出来的面皮特别香，加上一些装饰，据说佛卡夏就是这样产生的。另一种说法是在烤披萨的时候怕浪费馅料，往往面团的数量会多做一些，披萨烤完了以后，剩下的面团丢了可惜，压扁之后加上一些装饰，就变成佛卡夏。

辫子面包 犹太人安息日吃的面包

份量

15个

材料

材料名称	数量(克)	烘焙比例
高筋面粉	1500	100.00%
糖	99	6.60%
盐	25	1.67%
酵母(可选)	3	0.20%
全蛋	450	30.00%
水	510	34.00%
橄榄油	98	6.53%
液种老面	600	40.00%
总计	3285	219.00%

做法

1. 培养液种老面(Poolish波兰老面),粉 : 水 = 1 : 1。
2. 材料除了盐、橄榄油以外,全部放入,搅拌成团时放入盐。
3. 离缸温度低于25℃。
4. 离缸后,静置40分钟,翻面一次,再静置20分钟,放入5℃冰箱中冷藏30分钟。分割成每个73克,3个共219克,整形成辫子,再放入冰箱冷藏12小时以上。
5. 取出后置于28℃的发酵箱中发酵约1小时,刷蛋液后入炉。
6. 上火210℃,下火190℃,入炉后喷蒸汽,约19分钟出炉,最后3分钟视上表皮的状况,调升上火的温度,使上表皮呈现金黄色。

步骤

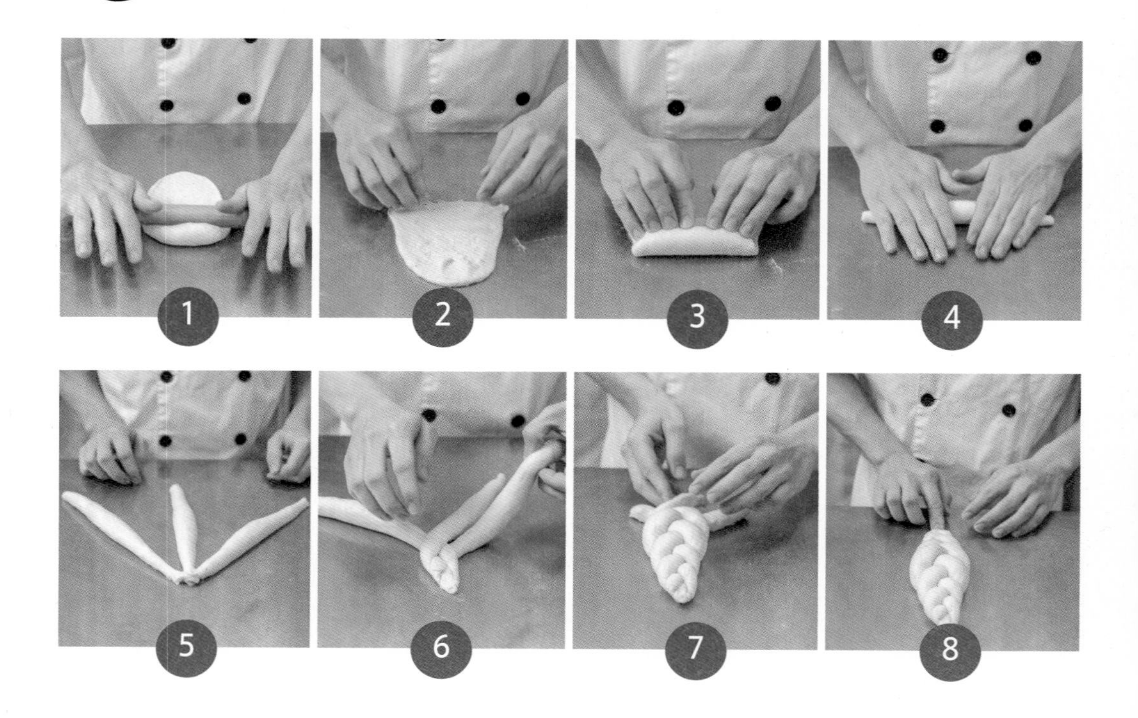

火头工笔记

1. 配方设计：液种老面占烘焙百分比为40%，采用粉水比例1：1的Poolish老面种。酵母是可选项，刚开始对于老面制作不是很有把握时可以使用，熟悉之后就可以不加了。
2. 辫子面包属于休息日的餐点，因为不用工作，所以盐量比一般的面包低。表格中盐的烘焙百分比为1.67%，又因为有液种600克，其中粉水各半，所以配方中还有300克的粉，总粉量为1800（=1500+300）克，盐的实际比例为1.39%（25 ÷ 1800），比标准值还低很多。辫子面包流传多年，传遍各地，因此各地的配方都不同，

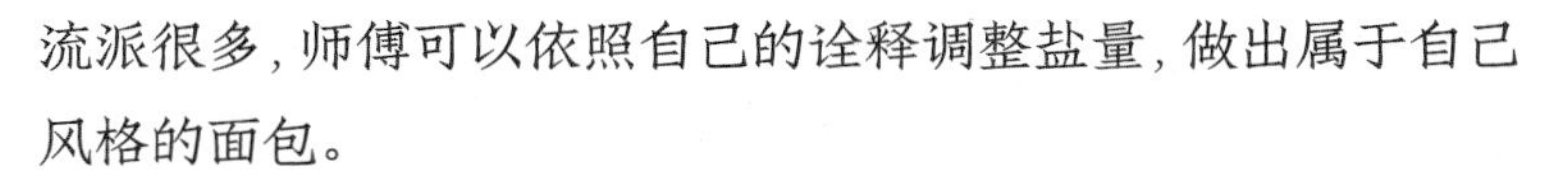

流派很多，师傅可以依照自己的诠释调整盐量，做出属于自己风格的面包。

3. 有些配方会全部使用蛋黄，蛋黄是天然的乳化剂，会使面包更加柔软，弹性更好。
4. 如果希望口感较为松软，可以将高筋面粉依照80∶20的比例加入低筋面粉(即将原来高筋粉的20%换成低筋粉)，或是直接用蛋白质含量在11%到12.6%左右的T55面粉。
5. 橄榄油宜采用标示“Pure”或是“100%纯橄榄油”的，它们的发烟点较高；不宜使用初榨冷压(Virgin/Extra Virgin)类型。
6. 全蛋的固形物占25%；如果只使用蛋白，固形物占12%；蛋黄中固形物占50%。这个配方使用的是全蛋450克，固形物占25%，也就是说75%是水，水量为337.5(=450 × 0.75)克。配方中的水量占烘焙百分比只有34.00%，看起来很低，但是1∶1的液种600克中粉水各半，水量有300克，再加上全蛋的，所以总水量为1147.5(=510+337.5+300)克，总粉量为1800(=1500+300)克，正确的粉水比例为63.75%(=1147.5 ÷ 1800)。

长棍面包 法国人的最爱

份量 **5条**

材料

材料名称	数量(克)	烘焙比例
T65面粉	700	100.00%
水	350	50.00%
盐	14	2.00%
酵母(可选)	2	0.29%
液种老面	600	85.71%
总计	1666	238.00%

做法

1. 培养液种老面(Poolish波兰老面)，粉：水 = 1：1。
2. 材料除了盐以外，全部放入，搅拌成团时放入盐。
3. 离缸温度低于22℃。
4. 离缸后，静置40分钟，翻面一次，再静置20分钟再翻面一次，再静置20分钟，分割成每个320克。整形成枕头形，放入5℃冰箱中冷藏12小时。
5. 取出后置于28℃的发酵箱中发酵约1小时。整形成长棍形，后发酵约20分钟。表面切割后入炉。
6. 烤箱预热到上火230℃、下火250℃，面团入炉后喷蒸汽，5分钟以后降温到上火210℃、下火220℃，总共烘烤约23分钟，最后3分钟视情况调整上火，使上表皮上色后出炉。

步骤

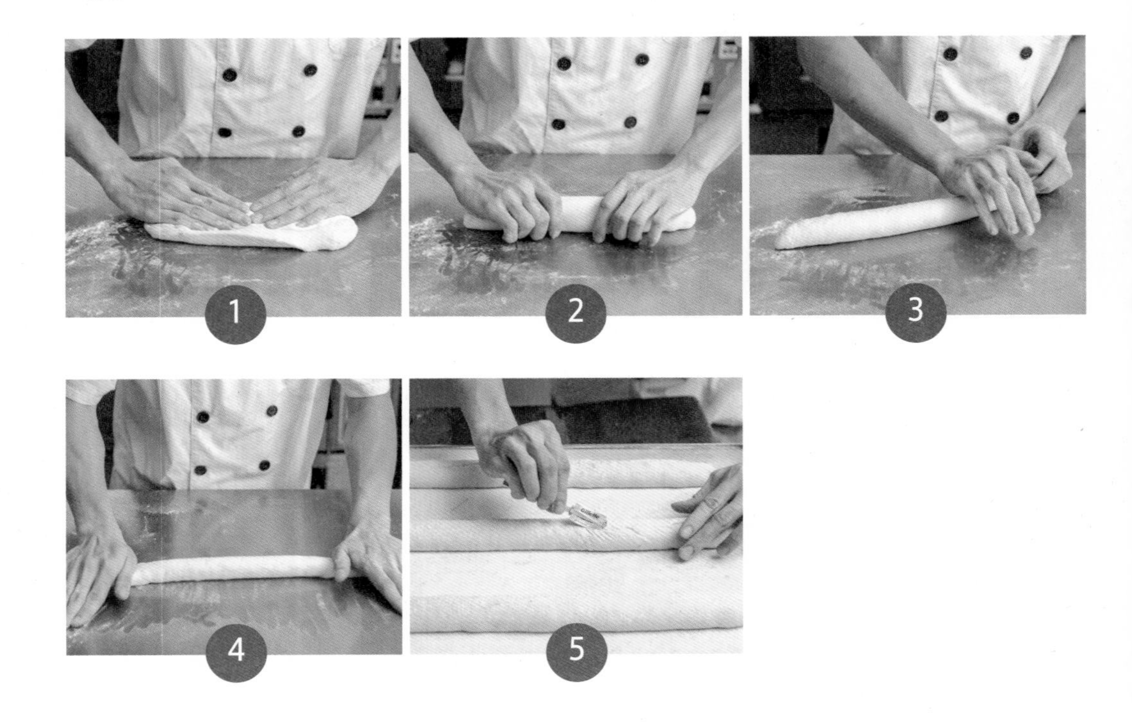

火头工笔记

1. 配方设计：液种老面占烘焙百分比为85.71%，目的在于增加前置发酵面团的数量，增加风味，采用粉水比例1∶1的Poolish老面种。酵母是可选项，刚开始对于老面制作不是很有把握时可以使用，熟悉之后就可以不加了。盐量可以斟酌提高；但是因为配方中有液种600克，其中粉水各半，所以配方中还有300克的粉，总粉量为1000(=700+300)克，盐的实际比例为1.40%(=14 ÷ 1000)，比标准值还低。
2. 有些面粉厂商针对长棍面包提供最适化的T55面粉，可以

100%都使用T55，不需要另外使用高筋面粉。如果使用一般的高筋和低筋面粉搭配，高筋面粉和低筋面粉的比例可以为7∶3或是8∶2，这就是常常听到的“高低配”。

3. 水量比例在这个配方中只有50.00%，看起来偏低，但是配方中Poolish液种的烘焙百分比高达85.71%，如果把液种的水量加上，这个配方的粉水比例为65%，这是一个安全的水量比例。如果要制作高水量的长棍面包可以把水量调高。
4. 入炉时采用高温使空气膨胀，形成气孔和薄膜。
5. 出炉后上表皮接触冷空气收缩形成龟裂，可以听到清脆的断裂声。

乡村面包 欧洲劳动阶层的面包

份量

10个

材料

材料名称	数量(克)	烘焙比例
粗裸麦粉	100	4.97%
胚芽粉	81	4.03%
高筋面粉	1470	73.10%
全麦粉	360	17.90%
黑麦啤酒	990	49.23%
酵母(可选)	4	0.20%
盐	40	1.99%
液种老面	610	30.33%
水	175	8.70%
总计	3830	190.45%

做法

1. 培养液种酸老面(Poolish波兰老面),粉：水=1：1。
2. 材料除了盐以外,全部放入,搅拌成团时放入盐。
3. 离缸温度低于22℃。
4. 离缸后,静置20分钟,直接分割成每个383克。整形成圆形,发酵20分钟之后放入5℃冰箱中冷藏12小时。
5. 自冰箱取出后置于28℃的发酵箱中发酵约1小时。整形成圆形,后发酵约20分钟,表面切割十字后入炉。
6. 烤箱预热到上火180℃,下火180℃,面团入炉后喷蒸汽,约16分钟后升温到上火210℃、下火210℃,再15分钟,最后3分钟视情况调整上火,使上表皮上色后出炉。

步骤

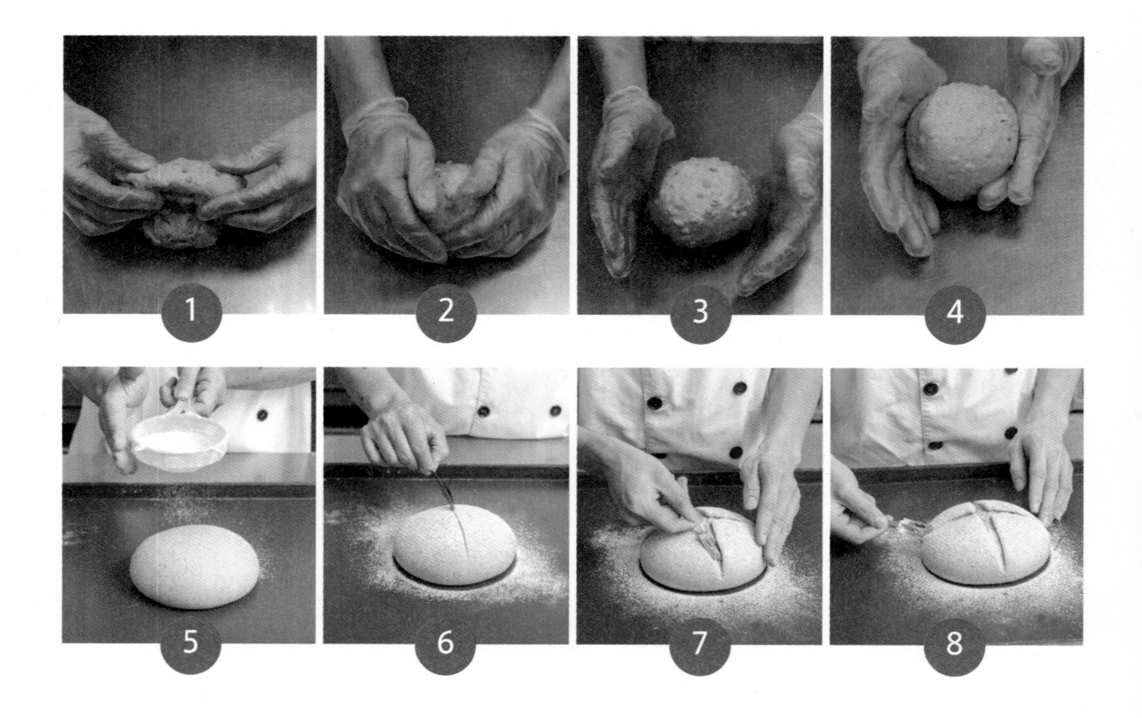

火头工笔记

1. 乡村面包一般也称之为农夫面包，是农民的主要食物，早期使用的面粉大都为粗磨的全麦面粉，在十字军东征的年代，面包师傅会在表面上画十字，作为宗教祈福的象征。
2. 农人工作流汗需要补足盐分，所以面包的盐量比例较高，标准是2%，有些配方会更高。盐量可以斟酌提高，但是因为配方中有液种610克，其中粉水各半，所以配方中还有305克的粉，总粉量为2316(=100+81+1470+360+305)克，盐的实际比例为1.73%(=40 ÷ 2316)，比标准值还低。这个盐量比例显然偏低，当初设计这个配方的时候，因为店在市区，所以大幅减少盐量。

3. 配方设计：液种老面占烘焙百分比为30.33%，目的在于增加前置发酵面团的数量，增加风味，采用粉水比例1∶1的Poolish老面种。酵母是可选项，刚开始对于老面制作不是很有把握时可以使用，熟悉之后就可以不加了。
4. 胚芽含有丰富的脂肪酸，在磨制面粉时往往会为了让面粉有长的保存期而被移除。农夫面包采用整粒研磨的全麦面粉，没有移除胚芽，更加健康营养(普通的高筋、底筋面粉中则没有胚芽)。
5. 配方中的水量只有8.70%，因为有很大部分用黑麦啤酒代替水，再加上液种里有一半的水，所以总水量为1470(=990+175+305)克，总粉量为2316(=100+81+1470+360+305)克，实际上粉水比例为63.47%(=1470 ÷ 2316)。

裸麦酸种面包 德国餐桌上的最爱

份量 **5个**

材料

材料名称	数量(克)	烘焙比例
粗裸全麦粉	1000	100.00%
水	920	92.00%
液种老面	800	80.00%
盐	28	2.80%
总计	2748	274.80%

做法

1. 培养酸老面800克，粉水比例为1∶1。
2. 材料除了盐以外，全部放入，搅拌成团时放入盐。
3. 离缸温度低于20℃。
4. 离缸后，静置30分钟，翻面一次，再静置3小时，分割成每个约550克。整形成圆形，放入藤篮。
5. 放入25℃的发酵箱中发酵1到2小时。
6. 烤箱预热到上火250℃、下火250℃，面团入炉后喷蒸汽，烘烤5分钟，降温到上火230℃、下火230℃烘烤5分钟，继续降温到上火210℃、下火210℃烘烤10分钟，接着将上火升到250℃，约5分钟视上色的情况，目测出炉。

步骤

火头工笔记

1. 面团非常黏手，不好操作，搅拌时需注意温度，离缸温度不要超过22℃。
2. 100%裸麦比例，面筋不容易形成，因此整个过程中，整形必须轻柔，不能用力挤压或重摔。
3. 盐量比例高达2.80%，看似偏高，但是因为配方中有液种800克，其中粉水各半，所以配方中还有400克的粉，总粉量为1400(=1000+400)克，盐的实际比例为2.00%(=28 ÷ 1400)，恰好是标准值。

图 / 邓博仁

4. 放入藤篮时，光亮面朝上。
5. 不宜使用入炉架，因为入炉架和炉床之间距离较大，面团重摔到炉床时会扁掉，体积变小，所以必须用入炉铲进炉床。
6. 这款面包风味很好，营养价值很高，值得推广。

潘娜朵妮 意大利圣诞节的欢庆

份量 **6个**

材料

材料名称	数量(克)	烘焙比例
lievito madre老面	315	56.55%
高筋面粉	282	50.63%
杜兰麦粉	275	49.37%
糖	60	10.77%
鲜奶	250	44.88%
蛋黄	72	12.93%
黄油	157	28.19%
酵母	3	0.54%
盐	11	1.97%
杏桃干	100	17.95%
蔓越莓	75	13.46%
橘皮丁	200	35.91%
总计	1800	323.16%

做法

1. 培养意大利水式硬种酸老面lievito madre 315克。
2. 材料除了盐、黄油、馅料以外，全部放入，搅拌成团时放入盐。
3. 离缸温度低于25℃。
4. 离缸后，直接分割成每个300克。整形成圆形，放入纸模，进入5℃冰箱中冷藏12小时。
5. 自冰箱取出后，置于25℃的发酵箱中发酵约3小时，加上装饰或刷蛋液之后入炉。
6. 烤箱预热到上火140℃、下火180℃，烘烤约28分钟出炉。

步骤

火头工笔记

1. 重量可以随纸模调整，300克属于比较小的，一般会做到每个800克以上。
2. 潘娜朵妮从文艺复兴时代流传至今，配方很多，各家都认为自己才是正统。蛋黄和橘皮丁是共同会有的成分。至于lievito madre老面的养法，各家都有自己独特的方式，有的放在水里养，有的一半在水里、一半在空气中，各出奇招，各有特色。有些配方不放置杜兰小麦，在意大利当地会使用意大利编号为type00的面粉，有些面粉厂商会针对潘娜朵妮的需求提供潘娜朵妮的预拌粉。

3. 面团颜色偏黄主要来自蛋黄和橘丁的颜色，烤焙时注意上火不宜太高，因为纸模撑起来之后，较一般面包高，上火太高表面容易因为焦糖化而变黑。
4. 潘娜朵妮是圣诞节的节庆蛋糕。

吐司 早餐桌上的面包

3条

材料

中种：

材料名称	数量(克)	烘培比例
高筋面粉	1100	100.00%
盐	15	1.36%
酵母	8	0.73%
鲜奶	400	36.36%
水	284	25.82%

主面团：

材料名称	数量(克)	烘培比例
高筋面粉	735	100.00%
中种	1807	245.85%
糖	98	13.33%
盐	15	2.04%
酵母	8	1.09%
鲜奶	425	57.82%
黄油	59	8.03%
总计	3147	428.16%

做法

1. 制作中种。隔夜冷藏12小时。
2. 材料除了盐、黄油以外，连中种全部放入，搅拌成团时放入盐、黄油。
3. 离缸温度低于25℃。

4. 离缸后，静置20分钟，翻面一次，分割成每个210克。

5. 再发酵20分钟，整形，放入吐司模中发酵约1小时，入炉。

6. 烤箱预热到上火230℃、下火230℃，烘烤约45分钟出炉。

步骤

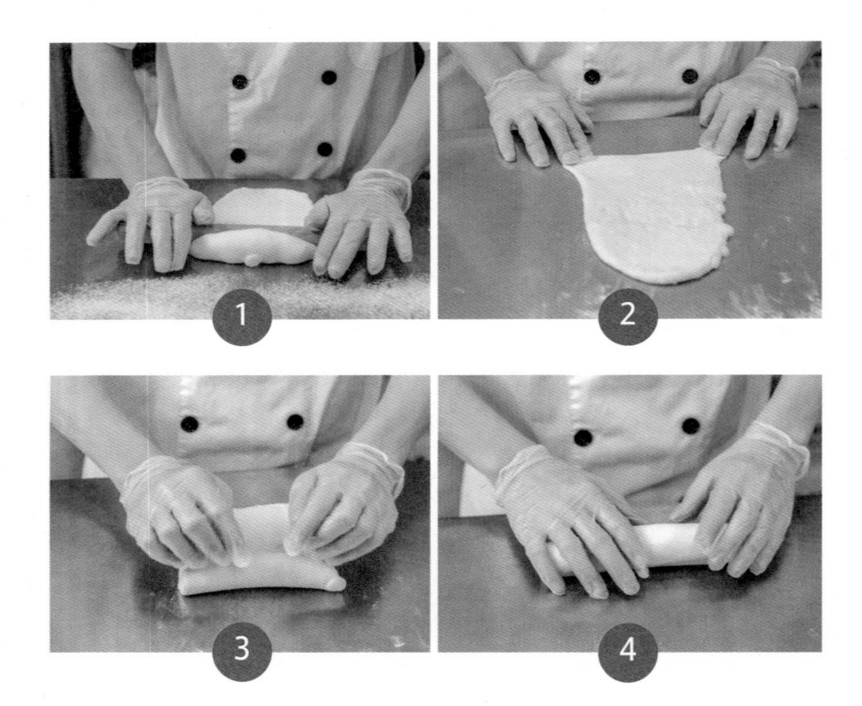

火头工笔记

1. 这个配方采用“中种法”。所谓中种法，就是把总面团的2/3提前一天搅拌好，静置一个晚上，第二天拿出来和主面团搅拌、制作面包，这个提前一天打好的面团就称为“中种”。

2. 有些配方中种不放盐，可以把中种的盐量加到主面团。盐量可以斟酌提高，而且因为主面团配方中有中种1807克，其中粉量1100克，主面团总粉量为1835(=1100+735)克，盐的实际比例为1.63%[=(15+15)÷1835]，比标准值还低，所以自行调整的空间很大。

3. 每模吐司放入5卷，总重量为1050克。
4. 面团不宜打到完全拓展。过度搅拌造成面团延展性过高时，面团底部会拓展到吐司模底端的直角部分，不易脱模；组织因薄膜太薄而造成气体逸出，面团胀大之后内缩，烘焙弹性变差，口感也相对变差。
5. 入炉前要注意面团高度，过度发酵吐司的上侧边缘会成为没有弧度的直角，也就是面包师傅常说的“出角”，有经验的面包师傅不用切吐司，看外形就知道发酵面团的过程用不用心，吐司一旦出角，组织的连续性不好，口感就差多了。
6. 团心温度未达96℃就出炉，冷却后会产生吐司顶端下陷，两侧往内缩的现象，也就是常听到的缩腰现象。这是因为团心没有烤熟，密度较大，冷却后受到重力影响往下拉，造成顶部下陷、两侧内缩。此时宜降低温度延长时间烘烤。

多谷物面包 欧洲的主食

份量 3个

材料

材料名称	数量(克)	烘焙比例
硬种老面	159	19.92%
液种老面	837	104.89%
高筋面粉	717	89.85%
全麦粉	81	10.15%
水	300	37.59%
盐	15	1.88%
酵母(可选)	3	0.38%
黑芝麻	20	2.51%
白芝麻	28	3.51%
杏仁角	86	10.78%
核桃	36	4.51%
橘丁	40	5.01%
总计	2322	290.98%

做法

1. 制作硬种、液种两种老面，硬种粉水比例为2：1，液种粉水比例为1：1。
2. 材料除了盐以外全部放入，搅拌成团时放入盐。
3. 离缸温度低于22℃。
4. 离缸后，静置40分钟，翻面一次，再静置20分钟，分割成每个约770克，整形成橄榄形。
5. 发酵20分钟，放入5℃的冰箱中冷藏12小时。
6. 自冰箱中取出后，置于25℃发酵箱中约2小时，入炉。

7. 烤箱预热到上火180℃、下火180℃，烘烤约30分钟，升温到上火200℃、下火200℃，再烘烤约20分钟，视表面上色状况升高上火，约3分钟后出炉。

火头工笔记

1. 液种老面制作方式为裸麦粉300克、起种200克、全麦粉230克、水530克(全部重量为1260克)，混合均匀，常温发酵2到3小时后，放入5℃的冰箱中冷藏12小时。取837克使用，其余继续养，供下一次使用。

2. 主面团的全麦粉可以先和水浸泡一个晚上。
3. 两种老面占烘焙百分比共124.81%，目的在于增加前置发酵面团的数量，增加风味。酵母是可选项，刚开始对于老面制作不是很有把握时可以使用，熟悉之后就可以不加了。
4. 多谷物面包比较接近德式面包的做法，主面团的水可以改用黑麦啤酒，风味会更好。

司康 介于饼干和面包之间的英式松饼

份量

10个

材料

材料名称	数量(克)	烘焙比例
台湾小麦粉	300	100.00%
糖	34	11.33%
盐	3	1.00%
黄油	80	26.67%
蔓越莓	60	20.00%
全蛋	64	21.33%
鲜奶	100	33.33%
泡打粉	10	3.33%
总计	651	217.00%

做法

1. 黄油切碎，冷冻；粉类也须冷冻；鲜奶冷藏。
2. 放入除了盐以外的面团干性材料(小麦粉、糖、黄油、泡打粉)，搅拌10分钟。
3. 拌入蛋、鲜奶、蔓越莓。
4. 起缸后，擀平，冷藏1小时后压模。
5. 20分钟后入炉。
6. 烤箱预热到上火230℃、下火160℃，烘烤约16分钟出炉。

步骤

1

2

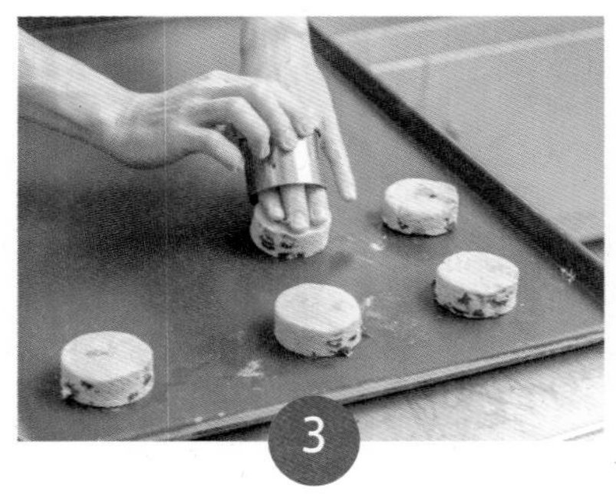
3

4

火头工笔记

1. 泡打粉宜采用不含铝的。
2. 司康也可以经过发酵，经过发酵则制作时间较长，面团因为长时间水合而形成面筋，司康是松饼，面团出筋，口感会变差。所以采用酵母或老面发酵司康面团时，我们要选择面筋成分（蛋白质含量）低的面粉；入炉时，烤焙温度要更高，使面团在膨胀时迅速固化，不会塌陷。所以采用酵母发酵制作司康，要诀在于降低面筋和升高温度、缩短时间两个重点，同时要能够接受成品外观较扁，口感连续性较差。

3. 司康和布里欧一样，有所谓富人和穷人的方法，主要是因为好的黄油很贵，穷人吃不起，只好降低黄油的含量。现代人强调低糖，富人发现穷人的吃法比较健康快乐，所以很多富人的配方都把油量降低了。这个配方里黄油的比例是26.67%，算是中偏低的，读者可以自行增加，跻身富人行列。

4. "油不熔解，粉不出筋"是制作司康的口诀。好的黄油大约在25℃以上开始大量熔解，所以搅拌温度一定要低(一般我会低于22℃)。至于"粉不出筋"，就只能用手拌，搅拌缸的扭力和速度太快了，制作美食又能同时锻炼身体，一举两得。

5. 上火和下火温差很大，主要目的在于迅速把面团顶端固化，让气体只好从侧面冲出，形成开口笑的特殊外观。

布里欧面包 北欧介于甜点和面包之间的面包

份量

18个

材料

材料名称	**数量**(克)	**烘焙比例**
高筋面粉	714	100.00%
糖	63	8.82%
奶粉	32	4.48%
酵母	2	0.28%
盐	5	0.70%
硬种老面	212	29.69%
全蛋	118	16.53%
可可粉	35	4.90%
水	282	39.50%
黄油	282	39.50%
巧克力豆	235	32.91%
总计	1980	277.31%

做法

1. 培养硬种老面，粉水比例为2：1。
2. 材料除了盐、黄油、巧克力豆以外全部放入，搅拌成团时放入盐、黄油，最后拌入巧克力豆。
3. 离缸温度低于22℃。
4. 离缸后，直接分割成每个110克，整形后放入模型中。在5℃冰箱中冷藏12小时。
5. 自冰箱取出后，置于25℃的发酵箱中发酵约1小时。表面刷蛋液，入炉。
6. 烤箱预热到上火160℃、下火230℃，烘烤16分钟，升温到上火180℃、下火200℃，再烘烤约10分钟后出炉。

步骤

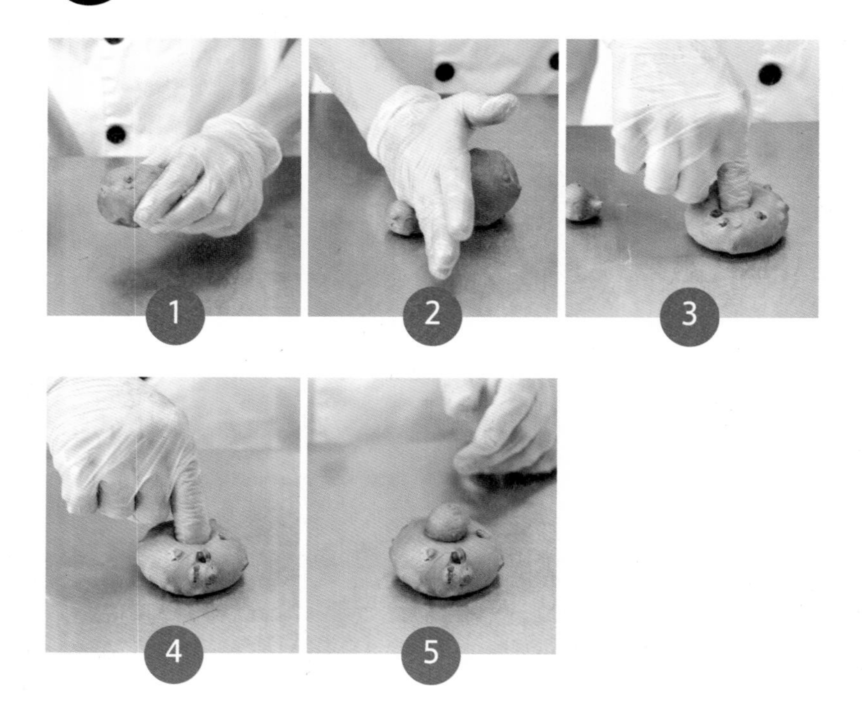

火头工笔记

1. 布里欧面包是欧式面包中少数的甜面包，成分接近蛋糕，但有经过发酵，所以算是面包。
2. 这个配方里黄油含量达到39.50%，应该勉强可以算是富人吃的，可以自行调整黄油的含量。
3. 离缸温度要低于22℃。高油脂的面团，有一个很重要的观念是油脂薄膜(lipid film)。这是由于油脂的极性端和水分子互斥，也就是有所谓的疏水性，搅拌时油脂会自动排列形成薄膜(film)。而这样的排列稳定性没有像面筋的双硫共价键那么强，温度上升，分子的活动力变大，油脂薄膜会呈现不稳定状态，就是我们常说的“油水分离”。

4. 因为有铁模，所以进烤炉时底火需要较高，使面团底部略微焦化，出炉后比较容易脱模。

拖鞋面包

意大利的面包

份量

一盘 24 个

材料

材料名称	数量(克)	烘焙比例
高筋面粉	1280	80.00%
低筋面粉	320	20.00%
酵母(可选)	8	0.50%
盐	40	2.50%
液种老面	1600	100.00%
水	960	60.00%
橄榄油	160	10.00%
黑橄榄	250	15.63%
总计	4618	288.63%

做法

1. 培养液种酸老面(Poolish 波兰老面)。
2. 材料除了盐、橄榄油以外，全部放入，搅拌成团时放入盐、橄榄油。
3. 离缸温度低于22℃。
4. 离缸后，静置40分钟，翻面一次，后发酵约3小时。
5. 摊平切割成24个，入炉。上火160℃、下火220℃，约19分钟出炉。

步骤

火头工笔记

1. 传统的意大利面包师傅会用硬种的意大利老面lievito madre制作拖鞋面包。如果将1600克的液种老面改为粉水比例2：1的lievito madre也是可以；同时，因为液种1600克里的粉水各为800克，改为lievito madre硬种时水只需要400克，而总配方的粉水量都不能改变，于是其他的400克水必须加到面包配方的水量里，水量变成1360(=960+400)克。修改过的配方如表格：

材料名称	数量(克)	烘焙比例
高筋面粉	1280	80.00%
低筋面粉	320	20.00%
酵母(可选)	8	0.50%
盐	40	2.50%
硬种老面	1200	75.00%
水	1360	85.00%
橄榄油	160	10.00%
黑橄榄	250	15.63%
总计	4618	288.63%

2. 这个配方水量只有60.00%，但是如果加上烘焙百分比高达100%的液种里的水量，水粉比达到73.33%，在高水量的面团中算是入门了。
3. 面团非常柔软，操作时必须轻柔。

米琪面包

法国的乡村面包

份量

一盘2个

材料

材料名称	数量(克)	烘焙比例
斯佩尔特麦粉	770	37.20%
高筋面粉	1300	62.80%
液种老面	900	43.48%
酵母	5	0.24%
水	690	33.33%
黑麦啤酒	330	15.94%
盐	40	1.93%
总计	4035	194.93%

做法

1. 培养液种，粉水比例1：1，冷藏12小时。
2. 材料除了盐以外，全部放入，搅拌成团时放入盐。
3. 离缸温度低于22℃。
4. 离缸后，静置20分钟，切割成每个2015克，滚圆后放入冷藏12小时，取出后在28℃发酵约2小时，团心温度达到25℃到26℃左右，撒粉割纹，入炉。
5. 上火180℃、下火180℃，30分钟后，上火210℃、下火210℃，再20分钟，视上色状况上火提高到250℃，约5分钟后团心温度达到96℃时出炉。

整形滚圆

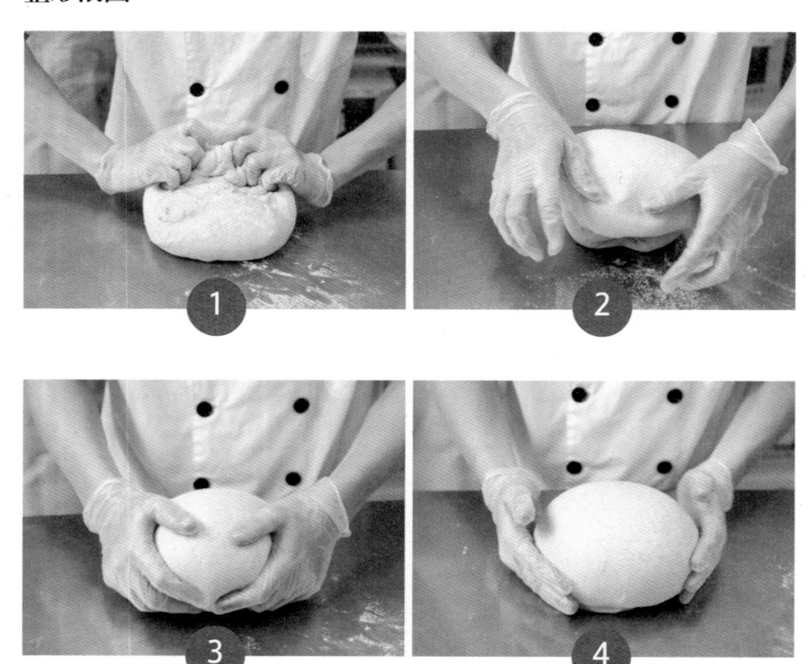

割纹

火头工笔记

1. 米琪面包是法国的乡村面包，斯佩尔特是欧洲的原生麦种，营养价值评价很高。
2. 斯佩尔特麦和裸麦一样不含麸质，没有面筋，这个配方加入了37.20%的斯佩尔特，麦香浓郁，但操作困难。
3. 面团重达2公斤，必须低温长时间烘烤，避免外部黑了，里面没熟。

口袋面包

肚子空空的面包

份量

1盘15个

材料

材料名称	数量(克)	烘焙比例
高筋面粉	208	89.27%
细裸麦粉	15	10.73%
盐	8	3.43%
酵母	1.5	0.64%
水	63	27.04%
液种老面	583	250.21%
硬种老面	187	80.26%
橄榄油	75	32.19%
总计	1151	493.78%

做法

1. 培养液种老面(Poolish老面)及硬种老面(biga老面)。
2. 材料除了盐、橄榄油以外，全部放入，搅拌成团时放入盐、橄榄油。
3. 离缸温度低于25℃。
4. 离缸后，静置20分钟，翻面一次，再静置20分钟，再翻面一次，而后发酵约1小时。
5. 摊平，切割成每个76克，擀平，发酵约30分钟，入炉。
6. 上火230℃，下火250℃，约3分钟出炉。

步骤

火头工笔记

1. 口袋面包是地中海四周国家的主食之一，人们用它来包各种不同的馅料，有的做得很大，压平、撕开来夹东西吃。
2. 传统的口袋面包膨胀起来之后，很薄，而且四周边缘的部分也很薄，看起来很容易，事实上不是很好操作。
3. 炉火必须高温，瞬间让面团膨胀起来。外皮要烤够，否则接触到冷空气会塌陷，但也不宜烤得太硬，影响口感。
4. 水量比例为27.04%，看起来偏低，但把硬种、液种和橄榄油里的水量全加进来后，这个配方水的比例超过70%。

日式甜面包 东方人的流行面包

份量 **100个**

材料

材料名称	数量(克)	烘焙比例
高筋面粉	3120	100.00%
糖	430	13.78%
奶粉	27	0.87%
盐	11	0.35%
酵母	6	0.19%
水	1365	43.75%
全蛋	225	7.21%
硬种老面	710	22.76%
奶油	286	9.17%
总计	6180	198.08%

做法

1. 培养硬种老面，粉水比例为2：1。
2. 材料除了盐、黄油以外全部放入，搅拌成团时放入盐、黄油。
3. 离缸温度低于22℃。
4. 离缸后，静置40分钟后翻面一次，再20分钟再翻面一次，再20分钟，分割成每个约60克，整形包馅。在5℃冰箱中冷藏12小时。
5. 自冰箱取出后，置于25℃的发酵箱中发酵约1小时。表面刷蛋液，入炉。
6. 烤箱预热到上火160℃、下火200℃，烘烤约16分钟，升温到上火180℃、下火200℃，约10分钟后出炉。

步骤

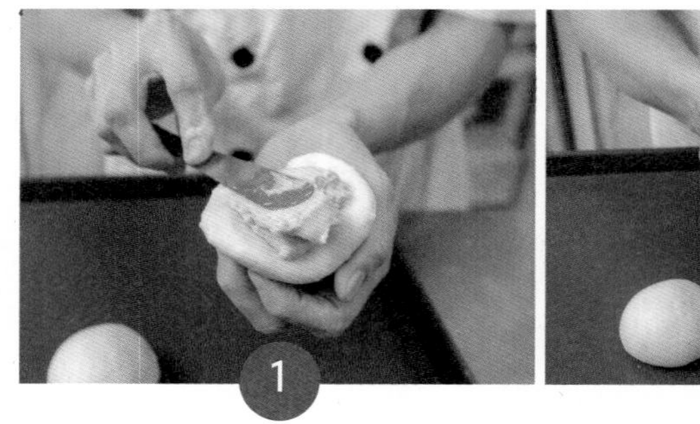

火头工笔记

1. 甜面包主要为高筋面粉，所以离缸温度可以比较高。
2. 馅料的水分不宜太多，因为在受热之后，水分蒸发变成水蒸气，体积会变大，撑开面包，造成露馅的状况。

工艺面包师们的留言

I love making bread every day because it allows me to express my feelings with my hands and with my heart. Bread is not only a way to give food to others, but allows me to express all my creativity, emotions and feelings that life keeps giving me.

——Josep Pascual Aguilera

我喜欢做面包，因为它让我用我的手和我的心来表达我的感情。面包不只是一种给予食物的方式，它也让我得以表达生命一直给我们的创造力、情绪及感觉。

——约瑟夫 · 帕斯库尔 · 阿奎莱拉

After having jumped in bakery industry, I found my mission is to bring better breads and artisan baking culture into Korea. I hope more people can enjoy real taste of good breads in their daily life. As an artisan bread instructor, I have been teaching people baking and how to make a good artisan bread. Many of my students have opened their artisan bakeries though out the nation and been leading new wave of good breads in Korea.

Bread is simple. To make bread, all we need are only 4 simple ingredients, flour, salt, yeast and water. Mix them and wait for some time. However, to make good bread is not that much simple. We have to understand how the baking process is going on. Now Chef Philip is telling us about his wonderful artisan breads. We can sit back and listen what he is saying or rush to the kitchen and gather tools and all ingredients. We will be in happiness of baking either way. We are proudly artisan bakers! Let's jump into the artisan world!

I really appreciate for chef Philip's great work! Now we've got one more precious treasure for artisan bakers.

——Your friends, Artisan Baker M , Taesung from Seoul

在我投身烘焙业之后，我发现我的任务是把更好的面包及工艺烘焙的文化带进韩国。我希望更多的人在日常生活中就能享受到好面包的真正滋味。身为一个工艺面包讲师，我一直在教人们烘焙及如何做出好的工艺面包。我已经有许多学生在全国各地开了自己的工艺面包店，并且引领着韩国追求好面包的潮流。

面包很简单。要做出面包只须有4种元素：面粉、盐、酵母及水，把它们拌匀，然后等待一段时间。但是，要做出好的面包却不是如此简单，我们需要了解整个烘焙的过程是如何进行的。现在，火头工Philip要给我们讲他美妙的工艺面包。我们可以坐好来听他的经验与心得，也可以立马到厨房里准备工具和所有材料。无论哪种方式，我们都能享受到烘焙。我们是自豪的工艺面包师！让我们一跃而入工艺面包的世界吧！

真的很欣赏火头工师傅的作品！现在，我们又多了一份宝贵的财富给工艺面包师们！

——你的朋友，工艺面包师牟兑成，于韩国首尔

3 吃面包

台湾饮食文化的演变

面包不是台湾人的主食，想了解面包在台湾怎么吃，必须兵分两路，一路回溯台湾饮食文化的历史足迹，了解口味形成的原因，另外一路深入追溯面包背后的历史与地理环境，然后把两者结合起来，理解台湾本土的面包饮食文化。

我们的主食是米饭搭配汤、酱、鱼、虾、肉、辛香料、茶、酒。数百年来，台湾饮食文化受到许多不同文明的影响，最早可以追溯到1621年，荷兰人以东印度公司为名占领台湾，进行和中国大陆、日本之间的海上贸易；直到1661年郑成功击败荷兰人收复台湾，荷兰人才退出。荷兰人前后共统治台湾达40年，却对台湾的饮食文化没有留下太大的影响。主要原因是东印度公司的成员里只有少数六百名荷兰人担任领导阶层，其余大多是欧陆各国组合的佣兵，人数大约只有两千人。荷兰人统治台湾的方法，主要还是运用汉人和台湾少数民族的组织，进行海上的贸易。因此，这40年的统治只留下一些建筑，绝大部分的东西在时间的洪流中褪去。

直到1661年郑氏带来大批闽南人屯垦驻扎，闽南人的语言、建筑和饮食文化深深影响台湾数百年的生活。闽南人的主食是米饭，早餐多是清粥、渍物，口味清淡、不重辛辣油腻。闽南的南边靠海，北边靠山，闽南人来到台湾以后如鱼得水，东西两岸靠海，中间是中央山脉，纬度和福建接近，气候相似。闽南人多数耕种务农，个性朴实，播种时犁田以牛为主力，所以不吃牛肉，以示感恩；菜色单纯不复杂，有清蒸虾、螃蟹、白斩鸡、鱼干、地瓜、豆腐、青菜，水果种类也很多，龙眼、荔枝、番石榴、橘子、香蕉、芒果等。

1895年，清政府战败签署马关条约割让台湾，日本人大量涌入，除了和式建筑、榻榻米、纸门、玄关、樱花以外，也带来味噌、寿司、拉面、生鱼片、饭团、烧烤等饮食。到1945年国民政府接收台湾为止，日本人共统治台湾50年，对台湾的饮食文化影响很深，改变台湾原本简单丰富的饮食文化，带进复杂日本料理的元素，在台湾民间婚丧喜庆办桌酒席中，就可以看到闽南饮食和日本料理的交错。

1949年，国民党战败退居台湾，两百万人跟着过来，士兵、将领高官、商人、文人、学者来自大陆不同的省份，包括山东、广东、上海、浙江、福建、湖南、湖北、江西、四川等，台湾开始进入后饮食文化时代。除了大陆各地不同特色的家乡菜以外，语言、生活习惯使台湾岛的饮食文化变得多元而复杂，原本清淡的福建菜，夹带着重口味的湖南菜、四川菜的辛辣与油腻，清粥加上馒头、

台菜

左　江浙菜
右　川菜

包子、烧饼、油条，广式饮茶点心、夜市小吃以及特定地区下酒的酒家菜也纷纷崛起。

面粉、面包进入台湾主要在日据时代到近现代这一段期间。1960年代，美国小麦大量销售到台湾，更助长面食行业兴起。面包和面条是面食产品中最主要的两款，面条快速结合南方人和北方人的饮食习惯进入台湾午餐、晚餐的餐桌上，随处可见牛肉面、大卤面、酸辣面、炸酱面、阳春面……但是面包却只攻占早餐和消夜点心的市场，还是被视为外来的食物，几十年来一直没办法成为台湾人生活的主要食物。

近几年来食安风暴不断，单纯老面发酵的欧式面包越来越被重视，要如何发展我们本土的面包，让面包进入午晚餐桌，和米饭、面条争一席之地呢？很多人不断思考这个问题。技术对于我们不是问题，近几年，华人特别是台湾地区的师傅在世界面包比赛中频频得奖，显然打造我们本土面包的方向在于理论和文化的结合，以大的高度和宽度努力，唱我们自己的歌！

搭配面包的元素

回头思考在早午晚餐桌上吃的面包餐由哪些元素组合:

1. 面包(bread)
2. 汤(soup)
3. 沾酱(dip sauce)和淋酱(dressing)
4. 色拉(salad)
5. 调味料(seasoning)
6. 奶酪(cheese)

我们先了解这些元素在各个地区是如何呈现,再回头融入我们的餐桌,自然就形成我们自己的饮食文化。一旦形成饮食文化,就能端上餐桌。吃面包的资料有很多,这本书“吃面包”的部分,重点不在提供配方,而是让大家了解这些元素如何组合成为各种特色的饮食文化,并且融入家庭生活,成为米饭、面条之外的另一个选项。

面包

从吃面包的角度来说,面包可以分成两类。第一类是加料面包,例如豆沙面包、果干面包、奶酪面包、菠萝面包、巧克力面包、油皮油酥面包等。这类型的面包不需要其他沾酱、淋酱或肉类蔬果,只要搭配饮品就可以成为一餐的主食。例如早餐有红豆面包,搭配饮品就可以当成一餐。

第二类是基底面包，例如乡村面包、吐司、长棍面包、汉堡面包、口袋面包等。这一类型的面包大多是长条形、橄榄形，特色是可以切成薄片，可以简单地沾酱汁、涂抹奶油奶酪，或其他酱料，再搭配其他菜色作为正餐的料理；也可以在薄片的上层放置蔬菜、肉片、淋酱、辛香料、香草、色拉等，接着可以再另外覆盖一块薄片，配上饮品或浓汤，当成正餐的主食。

汤

就烹调而言，汤是液态的、浓稠的或是半固态的，用来搭配其他食物，很少单独使用。汤可以用来增加餐桌上的风味，协助咀嚼增加湿度和润滑，以及增添餐桌上视觉的协调。英文的soup源自于法文。汤依照温度、浓稠度和材料，可以区分为冷汤(cold soup)、清汤(broth/clear soup)、浓汤(thick soup)、炖菜(stew)、甜汤(dessert soup)、水果汤(fruit soup)六大类。餐桌上以面包为主食时,汤是不可缺少的元素,以下对这六类汤作说明。

1.冷汤

顾名思义,冷汤在喝的时候是冷的。制作的方式分成两类。

其一是所有食材都可以生食,在常温搅拌制作,材料包括橄榄油、生菜或是生菜泥、洋葱、辣椒、葱花、大蒜等调味品,与番茄或水果、坚果碎粒混合,加奶酪、香草或辛香料、盐。著名的西班牙西红柿汤(Spanish salmerejo soup)属于这一种类型。

另外一种是部分食材经过加温或加工,冷却后食用,例如:牛猪羊鱼等肉类、虾子、豆类或豆泥,先经过煮熟、熏烤、加工然后

左　印度蔬菜香料酸奶汤
下　西班牙西红柿汤

组合制作。著名的土耳其的玉米饼汤(Turkey tortilla)属于这一类型的冷汤。在网络上用“冷汤”“cold soup”搜寻可以找到很多配方,冷汤一年四季都适合搭配面包组合成面包餐。

2.清汤

清汤和浓汤的差别在于清汤煮好之后没有添加淀粉、淡奶油等增加稠度的元素。如果清汤是煮好之后只留下汤的部分,丢掉残渣作为汤头,我们称为高汤(soup stock或bouillon);法式料理不把高汤视为汤的一种,不单独拿来喝,而是将高汤当成一种食材。法国人把清汤称为consommé,至于broths或clear soup则是清汤比较广义的名词与说法。在网络上用“soup stock”“consomme”“broths”或是“clear soup”都可以找到很多清汤的配方和制作方法。德国的洋葱汤(zwiebelsuppe)、马来西亚的肉骨茶等都属于清汤。

3.浓汤

浓汤可以分为两大类。一类使用淀粉勾芡,台湾的大卤汤、玉米浓汤、酸辣汤属于这一类型;另外一类用黄油、淡奶油增加

左　鸡清汤面饺,材料有:全鸡、洋葱、红萝卜、芹菜、西红柿、水、丁香、盐、橄榄油
右　豆子浓汤,材料有:红萝卜、芹菜、洋葱、白腰豆、鸡高汤
(图/杨馥如)

汤的浓稠度，蛤蜊浓汤、海鲜浓汤、南瓜汤属于这一类型。在网络上只要用“thicksoup”或是直接以“soup”搜寻都可以找到许多配方。

4. 炖菜(stew)

炖菜和浓汤的差别在于炖菜的水量更少。我们的“佛跳墙”、法国的马赛鱼汤(bouillabaisse)、葡萄牙海鲜炖菜(Portuguese seafood stew)都是著名的炖菜。

5. 甜汤(dessert soup)和水果汤(fruit soup)

甜汤种类有很多，常见蔬菜水果泥甜汤，例如草莓甜汤、蜂蜜蓝莓甜汤、苹果地瓜甜汤等，另外也有用巧克力、淡奶油、牛奶制作的甜汤；华人用芝麻做成芝麻糊，也算是甜汤的一种。

马赛鱼汤，材料包含：蚌贝海鲜、西红柿、马铃薯（图/杨馥如）

沾酱(dip sauce)和淋酱(dressing)

英文、法文的酱汁“sauce”源自于拉丁文“salsa”(中文音译为莎莎),我们常听到的莎莎酱成了“酱酱”,字义上其实已经重复。酱汁是一个广义的名词,可以分为沾酱和淋酱两类。沾酱是液态或半固态的,但有些沾酱使用坚果类固体的原料,沾酱有意大利拖鞋面包的红酒醋橄榄油沾酱、汉堡的西红柿沾酱、中东的鹰嘴豆泥、墨西哥的玉米饼沾酱,土耳其的酸奶沾酱。淋酱常常用于沙拉,我们也称为沙拉淋酱(salad dressing),常常听到的是和风酱、千岛酱、恺撒酱,有些淋酱被运用于一般的盘饰。

色拉(salad)

色拉由水果、蔬菜、肉类、蛋、香草、调味料或谷物混合以后再加上淋酱制作而成,除了少数像德国的马铃薯沙拉是热的以外,其他大都是冷盘。沙拉可以分成四大类,前菜沙拉(appetizer salad)、小菜沙拉(side salad),以及加入鸡丝、鲑鱼、牛肉丝的主食沙拉(main course salad),还有餐后的甜点沙拉(dessert salad)。

调味料(seasoning)

狭义而言，调味料主要包括香草(herbs)、辛香料(spices)两大类；广义而言，可以把增加食物风味的食材全部纳进来，范围涵盖油、盐、酱、醋等。香草来自可食用的植物叶子或花，可以是新鲜或是干燥的，例如：罗勒、芝麻叶、葡萄叶等。辛香料则由植物的根、种子、果实、皮、芽干燥粉碎或研磨制成，大部分的辛香料具有抗菌的特性，因此生长在气候比较温暖或炎热的地方，例如印度、中东、北非、中国等地区，大量的辛香料被使用在食物和草药中，例如：姜(ginger)、胡椒(peper)、姜黄(turmeric)等。

奶酪(cheese)

奶酪是奶制品，主要来自牛(cows/buffalo)、羊(sheep/goats)的鲜奶，通过酸化、酵素分解等制程分离出来的，最后固化而成。早期制作奶酪的目的只是为了延长它的保存期限，后来演变出具有地方特色的产品，在欧洲可说是一乡一奶酪，各有千秋。奶酪可以区分为新鲜奶酪(fresh cheese)、软质奶酪(soft cheese)、硬奶酪(firm/hard cheeses)、半硬奶酪(semi-firm/semi-hard cheese)、蓝霉奶酪(blue-veined)、羊奶奶酪(goat' smilk cheese)、加工奶酪等(processed cheese)。

新鲜奶酪是将奶酸菌加在牛奶里使蛋白质凝固，而没有经过长时间的发酵熟成。产品包括乡村干酪(cottage cheese)、力可达干酪(Ricotta cheese)、马斯卡彭芝士(Mascarpone cheese)、奶油奶酪(cream cheese)、夸克干酪(Quark cheese)等。

软质奶酪的凝固时间较短，没有经过压缩和加温烹煮，水量超过50%，油脂含量约20%，包括布里(Brie)、卡门贝尔(Camem bert)等。硬/半硬奶酪未经过加温烹煮，直接压缩制作，常见的切达(Cheddar)、伊顿(Edam)、高达(Gouda)等都是。蓝霉奶酪没有经过加温烹煮和压缩，而是注入蓝霉菌(blue-green mold)发酵而成，产品包括丹麦蓝纹(Danish Blue)、斯蒂尔顿(Stilton)、高根左拉(Gorgonzola)等。

羊奶奶酪由100%的羊奶，或是混合一部分牛奶制成，属于软质的奶酪，包括希腊奶酪(Feta)、山羊奶酪(Chevrotin)等。

加工奶酪是在奶酪中加入牛奶、黄油、盐、乳化剂、色素、糖、调味料等。

以上这些元素，有些是我们本土缺乏的食材，黄油、奶酪也在我们的饮食习惯中不太常见；中华料理很少有汤是冷的；我们习惯的酸也不一样，我们的酸是米醋的酸味，西方的酸很复杂，酸豆的酸、酸面团的酸、酒醋的酸、奶酪的酸，全都和我们的习惯大不相同。面包要融入我们的生活，成为当地的食物，这些都有待克服。

区域饮食文化与面包

每个区域都有它们自己的麦子、奶酪、蔬果、肉品、调味料、饮品以及当地传承多年的饮食习惯，下面我们以面包为中心选择具有代表性的地区，介绍当地的饮食习惯。

早餐面包

1.土耳其人的早餐面包

土耳其位于欧、亚、非三洲的转运点，自古以来受到许多不同文明的影响，因此形成独特丰富的饮食文化。在土耳其的餐桌上，面包和米饭并列为主食，土耳其的面包大多做成扁平形状，其中，发酵过的面包有土耳其环状面包(simit)、巴滋拉麻(bazlama)、口袋面包(pita)、土耳其披萨(pide)；没有发酵过的面包则有土耳其面饼(lavash)。

上面撒满芝麻、外观圆形、中间中空像贝果的土耳其环状面包，与奶油、酸奶、果酱是土耳其传统早餐的四大基本元素。用软面包加蜂蜜和凝脂奶油(clotted cream)做成的盘式叫做kaymak。土耳其环状面包、香肠加大蒜、胡椒、薄荷和蛋做成的是sucuk。扁平的面包中间夹肉与蔬菜，以及当地盛产的蜂蜜、酸奶叫做borek。风干的牛肉(pastirma)、果酱以及当地新鲜的水果蔬菜，再加上土耳其人善于运用的香草、辛香料与蜂蜜就形成土耳其特色的早餐。

2.意大利人的早餐面包

意大利属于地中海型气候，早餐时间大约在上午7点到10点，以意大利咖啡、牛角面包、饼干为主，比较少出现奶酪，但是因应全球化和旅行者的需求，饭店的早餐会出现面包、黄油、果酱、奶酪、蛋、麦片等，内容丰富而且多样化。意大利脆饼(biscotti)蘸咖啡吃或是直接咬碎吃。布里欧面包也是意大利早餐的选项之一，它通常做成小圆形或是牛角形。拖鞋面包偶尔也用于早餐，抹果酱或黄油来吃。

牛角布里欧面包
(图 / 杨馥如)

3.德国人的早餐面包

德国有两三百种面包，德国人偏爱颜色深营养价值高的面包，酸种面包最早出现在德国。他们用来当早餐的面包，多半是可以切成薄片做成面包卷(brötchen)的面包，例如黑麦面包(pumpernickel)。餐桌上的元素也以德国的本地食材为主，包括果酱(marmalade)、奶酪、火腿、香肠、黑森林蛋糕(schwarzwälder)、蜂蜜以及本地的蔬果等。

4.印度人的早餐面包

印度的早餐可以区分为北印度和南印度两大类别。北印度早餐面包主要有两种：印度抛饼(roti)和煎饼(paratha)，两种都是没有经过发酵的面包。印度抛饼直接用平底锅或桶状

烤炉(tandoor)烘烤而成，在印度南方或西方，印度抛饼被叫做chapatti，使用的面粉属于印度原生种小麦，叫做atta，有些地方直接将印度抛饼称为chapatti flour。煎饼也是没有经过发酵的面包，不同的是煎饼在平底锅里是用酥油或黄油煎成的。印度北方的餐桌除了面包以外，还会搭配蔬菜咖喱、腌渍的泡菜(pickles)与奶酪(curd)等。

5.墨西哥人的早餐面包

墨西哥的饮食文化源自阿兹特克人(Aztec)和玛雅人(Mayan)的传统，墨西哥由于近三百年受到西班牙人统治，饮食文化结合两者的特色，形成多元化的发展。墨西哥的早餐随着各个区域有所不同，但是有些共通的元素，包括玉米饼(tortilla)、辣味、丰富的色彩，还有豆子、巧克力、咖啡以及墨西哥卷饼(bolillos)。

午餐和晚餐面包

1. 土耳其人的午餐和晚餐面包

土耳其的口袋面包(pita)是中空的扁平面包，可以放入填料食用；土耳其披萨(pide)的外观则是船形，上面可以放奶酪、蛋、肉、蔬菜；土耳其面饼(lavash)很薄可以用来卷包食物。

口袋面包可以搭配的食物有很多，其中一种就是著名的沙威玛(shawarma)，这也是土耳其的街景文化之一，它是把鸡肉或牛肉架在烤肉叉上，一面旋转一面加热，需要时将肉切下并且塞进口袋造型的面包里，再搭配土耳其的汤品就是一道丰盛的正餐。

在土耳其的餐桌上，常常被用来搭配的食物有扁豆马铃薯汤(corba)、烤马铃薯泥(kumpir)、米沙拉肉丸组合(kofte)、沙拉胡椒酸奶冷盘开胃菜(mezes)等，这些都是著名的土耳其餐桌美食。

左　扁豆汤
右　土耳其披萨

左　土耳其羊肉饭
下　沙威玛

2.意大利人的午餐和晚餐面包

意大利的食物特色就是“简单”，一道料理最多只用七八样材料，他们比较注重食材的质量，呈现的方式和地域有很大的关系。面包、橄榄油、酒、醋、奶酪、咖啡是组成意大利料理的基本元素。在意大利的餐桌上有些可以依循的规则，例如：面包和意大利面不会同时出现；矿泉水和酒是常见的饮料，一般不会出现苏打水和牛奶；出餐的顺序是先上面包、米饭或面条，接着肉、鱼、蔬菜，水果摆在最后；沙拉淋酱则是橄榄油和醋，而不会有千岛酱或是和风酱之类的淋酱。

青酱(pesto)在意式料理中使用范围很广：(1)青酱是意大利面的淋酱；(2)青酱通常搭配面包、新鲜奶酪、西红柿成为主食；(3)青酱也可以变成面包或其他食物的沾酱；(4)青酱被当成马铃薯

上　拖鞋面包做成汉堡
左　拖鞋面包切成对半，在上面铺放食材
右　青酱

泥的拌酱；(5)汤的调味料；(6)披萨、佛卡夏、面具等扁平面包的馅料；(7)意大利炖饭的调味料，其他像是意式煎蛋(frittata)之类的料理也会加入青酱调味。

拖鞋面包在意式料理中常常扮演主食的角色，三种常见的食用方式为：将面包切成对半，在上面铺放食材；当成汉堡，夹着食材一起吃；直接沾橄榄油与红酒醋享用，橄榄油与红酒醋的比例为3：1。意大利的餐桌只要有面包，接着再搭配当地的特色汤品，就是一顿丰盛的餐点。

3.德国人的午餐和晚餐面包

德国的面粉以裸麦、斯佩尔特麦为主，因此与邻近以小麦为主的国家所制作的面包大不相同。德国面包颜色比较深，味道也偏酸。我们最常在德国看到的黑麦面包(pumpernikel)形状像吐司，另外，德国也有白面包(weißbro)和面包卷(brötchen)以及吐司(toastbrot)，这些面包常常出现在餐桌上作为主食。德国人习惯将面包搭配其他食材一同享用，包括肉类(以牛肉、猪肉、家禽为主)、香肠、奶酪、蔬菜、咖啡、蛋糕(kuchen)、汤品、炖菜等，这样的搭配方式也成为德国特色的风味餐。

左　黑麦面包
右　黑麦面包也可以搭配本地食材

面包在点心世界也占一席之地

1. 下酒的面包——德国结(pretzel)

德国结(中文也称普雷结、碱水结)最早记载在七世纪，由意大利的僧人制作，打结象征双手交叉在胸前祈祷，三个孔代表圣父、圣子、圣灵三位一体(Holy Trinity)。它十七世纪才传到德国，从此各地流行；近代反而把它视为德国面包，刚好德国生产啤酒，这个皮脆、劲道的德国结面包就成了搭配啤酒最好的点心。德国结到达美国的记载最早是在1861年，朱利叶斯(Julius Sturgis)在美国宾西法尼亚州设立第一家卖德国结的面包店。

2. 意大利传统面包棒(grissini)

grissini是意大利传统的面包棒，由意大利西北部的杜林(Torino)地区流传出来。十七世纪末，撒瓦(Savoia)地区的年轻公爵维托里奥·阿梅迪奥二世(Vittorio Amedeo II)，一直苦于

德国结

意大利传统面包棒

肠胃的病痛。他的医生从杜林聘来一位面包师傅安东尼奥·布鲁涅罗(Antonio Brunero),安东尼奥把面团混合橄榄油,发酵以后擀平,并且分割成细长条形,接着再放进烤箱中烤焙,口感脆、容易消化的面包就此诞生,也彻底解决公爵肠胃不适的困扰。意大利传统面包棒容易消化,并且适合当开胃菜(appetizer)蘸酱吃,这个产品迅速流传到各个地方,后来法国的拿破仑一世(Napoleon Bonaparte)经常把手放在肚子前,据说也是因为肠胃不好,而他也很喜欢这个产品,应该是同病相怜。

工艺面包师们的留言

Heart of a baker, mind of a pastry chef.

Baking is one of the few things that keeps me grounded, keeps me going, it consumes my soul. It is so personal that no two breads are ever the same. Each one is unique just like bakers themselves. I have a lot of respect for this craft, humble ingredients that touches the heart.

—— Norhails

“面包师的精神，糕点师的智慧”。

烘焙是让我能脚踏实地、一直走下去的少数事情之一，它耗尽了我的灵魂。它是如此有个性，以至于没有两个面包是一样的。每个面包都是独一无二的，就像面包师他们自己。我非常敬重这些工艺，成分简单却能触动人心。

——诺海尔斯

Most of my working life is related to food. Bread is more of a passion than work. Artisan bread baking is the pinnacle of any bread baking process. It emphasizes more on craftsmanship of the baker and also how the baker apply his knowledge and understanding of the science of bread baking that make the bread different. Even after decades of baking, the bread baking process still amazes me and the learning never stops nor does it ends. There is no boring days… except the day when I am not baking or baking related activities. How can I ask for more than being an artisan bread baker… its not a job… it a fullfillment of life.

——William Woo

我一生中大部分的工作都是和食物有关。面包，对我而言是工作，更是热爱。工艺面包的烘焙制作过程尤其是所有烘焙之极致。它着重在面包师的工艺才能以及面包师能应用他对烘焙科学的知识与了解而做出有别于他人的面包。即使在烘焙业数十年，面包烘焙过程仍然处处让我惊叹，这一条路上也确是学无止境。我从没有感到乏味的一天，有的话就是当我不做烘焙或与烘焙有关的活动时！还有什么比当一个工艺面包师更好的呢？这不是一份工作，这是一种生命的实现与满足！

——胡国财

简体中文版编者后记

和火头工散步

图书编辑　陈滢璋

对本地饮食店的品种经常吃而感到腻之后，我想念起在火头工“阿段烘焙”店里品尝到的麦香。

在我的记忆中，火头工他们的店在一个类似世外桃源的地方——这种印象也许因为我前去的时候从台北市中心出发经过了一条隧道，此外，我对台北的地图也不熟悉。

刚到的时候是午后，这时候的火头工还在忙——介绍人*说火头工每天早上四五点起床做面包，忙到下午四五点。于是，我去周边悠游一番，经过教堂、市民健康中心、公园、小学，远处有湛蓝色的山——猫空山，我在公园里睡了个觉——这是夏末，并且是多日午后有雨之后难得的晴天。

*：介绍人是 Cycle&Cycle 面包房（绍兴、杭州）主理人浮小笙。

来到店里，火头工师傅正好忙完。“阿段烘焙”以售卖欧式面包为主，他们起初时在台湾也算是小众，后来凭借扎实的努力，赢得消费者口碑，生意甚好(现已在台北市增加一家配送伙伴店，在台中市有一家面包餐厅长期订货)。火头工师傅请我吃了拖鞋(意大利恰巴塔)面包、盐可颂。拖鞋面包内部组织酥脆细腻，师傅教我蘸橄榄油和一点红酒醋食用，作为主食面包，是一种健康、耐吃的选择。这时候，盐可颂出炉了，年轻的店员拿了一块给我，他们推荐“趁热吃”，我入口后，才知道这句话的意思——主料只有面粉的盐可颂，热和中迸香，让我见识到麦子的味道，可用“娇香”形容。

阿段烘焙地址

台北市文山区开元街38号

“阿段烘焙”店里是用电烤箱制作面包。火头工的石窑烤炉则是建在猫空山上（在本书出版时已迁走），在举办活动时使用。

火头工在店里吹奏云南民族乐器葫芦丝

回到这本书，这是一本不可多见的侧重于理论的书籍，这样的书原创是不容易的——火头工前后经过了4年才完成。我在看完这本书后，再回头看烘焙食谱，有一种豁然开朗的感觉——对于那一步步的操作，我都能产生出自己的理解，例如喷水这样的细节，或各个时间、温度的选择，背后都有科学的缘由。而且，难得的是，这不是一本"枯燥"的教科书，并不是你只有在遇到问题时才乐意翻开的，而是作者丰富阅历的厚积薄发，对文化、物理娓娓道来、熔于一炉，语言犹如老师讲课易于理解。

火头工师傅早年是毕业于物理科系，我也是类似，所以我也喜欢进行一些"理科的乱想"。现在很流行的一个话题是"人工智能"，如果一个人工智能进化成生命，"它"和人会有一种不同——"它"的一切信息存储在计算机里，所以都是可轻松擦写的(而人如果头脑里有某段不快的回忆，或血管某处有堵物，都是极难去除的)。那么，当"它"不快乐时，可以轻易地改写自己的记忆体成满足状态，或者直接增加自己的快乐指数，就像人吸毒后直接使大脑的快乐递质增加一样；但是，这样的话，你就不会觉得“它”是一个生命，而只是一段表演快乐的程序了。所以，“生命”的快乐，必定是一种连贯不可更改的事实。火头工师傅所做的面包，叫作工艺面包，也可以叫作社区面包——它在生产上与当地小农互相支持，在呈现上参与营造社区文化(食物教育等)。它带给人的印象，除了由口感组成，也由人们对社区面包的印象组成，使口腹好感的，建设了肉体，使精神好感的，也建设了人的精神——所以，这种印象是一种生命整体的好的感觉。我想，在后工业时代，有一些坚持古法生产的匠人，他们之所以不简单追求工业的产量，甚或不追求自己银行存款的数值，就是因为，他们要的是生命整体的好感。而工业文明发展至今才两百多年，相对于三百万年的人类历史、相对于久远的自然界其实非常稚嫩，我们的生活如何才是“更好”，也值得我们反思。

火头工师傅没有开设分店，他不作诸多外求，而每天店里的工作其实也辛苦。我看到火头工师傅的社交账号(脸书)经常更新，并且常收到几百个赞，贴文主要是店里的点滴，或他和阿段姐的点滴。我回大陆后和他的聊天中，他说：“在台湾我们这类型的面包店生意都很好。旭山窑、刚刚好小颜、舞麦窑、麦子面包*……都生意好到周休三日以上。一个比一个牛！哈！”原来，生命的魅力就来自于平凡的生活，让人总是有神、总是有趣，与我，予你。

*：“旭山窑”用石窑烤制面包，其他店都是用电烤箱。

图书在版编目 (CIP) 数据

火头工说面包、做面包、吃面包 / 吴家麟著 .
—福州：福建科学技术出版社，2020. 1
ISBN 978-7-5335-5967-0

Ⅰ . ①火… Ⅱ . ①吴… Ⅲ . ①面包 – 制作
Ⅳ . ① TS213.21

中国版本图书馆 CIP 数据核字 (2019) 第 175881 号

书　　名　**火头工说面包、做面包、吃面包**
著　　者　吴家麟
出版发行　福建科学技术出版社
社　　址　福州市东水路76号（邮编350001）
网　　址　www.fjstp.com
经　　销　福建新华发行（集团）有限责任公司
印　　刷　福建彩色印刷有限公司
开　　本　710毫米×1000毫米　1/16
印　　张　15
图　　文　240码
版　　次　2020年1月第1版
印　　次　2020年1月第1次印刷
书　　号　ISBN　978-7-5335-5967-0
定　　价　68.00元
书中如有印装质量问题，可直接向本社调换